Angst beim Hund

UTE HEBERER
KATJA SCHUMACHER
ANNA PIETSCHMANN

Angst beim Hund

VERSTEHEN UND
RICHTIG REAGIEREN

KOSMOS

Mehr entdecken, mehr verstehen

DAS KOSMOS VERSPRECHEN

Expertenwissen seit 1822

Welches Thema dich auch begeistert – auf unsere Expertise kannst du dich verlassen. Und das schon seit über 200 Jahren.

Unser Anspruch ist es, dich mit wertvollem Rat zu begleiten, dich zu inspirieren und deinen Horizont zu erweitern.

BEGEISTERUNG DURCH KOMPETENZ

Unsere Autorinnen und Autoren vereinen professionelles Know-how mit großer Leidenschaft für ihre Themen.

WISSEN, DAS DICH WEITERBRINGT

Leicht verständlich, lebensnah und informativ für dich auf den Punkt gebracht.

SACHVERSTAND, DEN MAN SEHEN KANN

Mit aussagestarken Fotos, Zeichnungen und Grafiken werden Inhalte besonders anschaulich aufbereitet.

QUALITÄT FÜR HEUTE UND MORGEN

Dafür sorgen langlebige Verarbeitung und ressourcenschonende Produktion.

Du hast noch Fragen oder Anregungen?
Dann schreibe uns: kosmos.de/servicecenter

Inhalt

Vorwort

Angst! Angst ist ein Wesen, nennen wir es einen Zwergriesen. Zwergriesen haben eine unangenehme Eigenschaft: Sie können machen, dass aus einer winzigen Sorge, einem flüchtigen Gefühl der Anspannung, eine existenzielle, schier unüberwindbare Qual mit immensem Leid wird, allein durch die Macht der Gedanken.

Stellen wir uns vor es ist Sonntagmorgen. Die Kaffeemaschine kündigt durch wohliges Gluckern und angestrengtes Keuchen an, dass der Kaffee durchgelaufen und trinkbereit ist. Wir greifen zu unserer heißgeliebten Tasse. „*Hoffentlich fällt sie nicht herunter!*", fährt es durch den noch verschlafenen Geist. Wir lieben diese Tasse – es wäre so schade, wenn sie kaputt ginge. Während wir etwas aufmerksamer nach der Tasse greifen, erwacht der Zwergriese und eskaliert in unserem Kopf: Wenn diese Tasse jetzt herunterfällt, dann trifft vielleicht ein Splitter das Auge des Hundes. Dann müssen wir ganz schnell in die Tierarztpraxis. Nein! Oje! Es ist Sonntag! Wir müssen in eine Tierklinik. Aber die schwinden und das Personal dort ist massiv überlastet. Während unser Hund schreiend mit einem Splitter im

Auge tobt, müssen wir verschiedene Kliniken anfahren – denn telefonisch erreicht man seit Monaten keine Anmeldung mehr. Herrje, die Klimaanlage im Auto ist defekt. Und wir haben Hochsommer und befinden uns mitten in einer Hitzewelle. Es soll über 35 °C heiß werden. Wegen der Globalen Erwärmung bleiben Wetterlagen länger und zeigen sich extremer. Die Welt, unsere Welt, verändert sich viel schneller als wir dachten. Überall sehen wir die Zeichen und lesen davon in den Nachrichten. Im Auto wird es noch heißer sein, während wir mit unserem vor Schmerzen wimmernden Hund durch die Gegend irren und Hilfe suchen. Sein Kreislauf wird das möglicherweise nicht mitmachen, weil er schon älter ist und doch sowieso herzkrank. Hat er überhaupt schon sein Medikament bekommen heute Morgen?! Vielleicht stirbt unser geliebter Hund!

Wir stellen die Tasse auf der Küchenzeile ab und gießen uns duftenden Kaffee ein – der Zwergriese ist nur etwa eine Sekunde durch unsere Gedankenwelt getrampelt. Unangenehm wach mit einem verkrampften Magen und einem Puls, den wir an unserem Hals zucken fühlen, schauen wir uns nach unserem Hund um. Er sitzt neben uns in der Küche und wartet auf sein Futter. Erwartungsvoll schaut er uns an und wedelt motivierend mit seiner Rute. Nichts ist passiert – nur die ersten Schlucke Kaffee, die wollen nicht so recht schmecken. Der Zwergriese „Angst" war zu Besuch und hat Spuren hinterlassen. Wer mit Ängsten zu kämpfen hat, der kennt dieses monströse Gefühl, das aus dem Nichts auftauchen kann, um uns kräftig zu erschrecken. Wir wünschen niemandem die Bekanntschaft mit Zwergriesen, weil sie anstrengend sind und nie erfreulich.

Angst als Gefühl ist vor allem deswegen ein so schwieriges Thema, weil es winzig und unvorstellbar groß sein kann, komplett erdacht oder ganz konkret und real. Unangenehm ist Angst so oder so. Dabei können wir durch sie, die Angst, drohenden Gefahren geschickt ausweichen, können mit Erfahrung und Selbstbewusstsein Herausforderungen annehmen und uns sicher fühlen – oder wir können an latenten oder abstrakten Ängsten krankhaft zugrunde gehen. Wir alle haben unsere Erfahrungen mit Angst gemacht, mit Befürchtungen und Schrecken. Und die allermeisten von uns haben irgendeine mehr oder weniger beeinträchtigende Phobie, seien es Spinnen, weiße Kaninchen mit roten Augen, Clowns oder Krankheitserreger. Vielleicht belastet auch ein Trauma spezifische Situationen oder das gesamte Erleben.

Reden hilft, aber nicht bei Hunden!

Wir Menschen haben einen entscheidenden Vorteil gegenüber den Hunden, die wir halten und so sehr mögen und lieben: Wir können über unsere Sorgen und unsere Ängste reden. Wir können uns austauschen, informieren und uns Rat holen. Wir können uns in schlimmen Fällen ärztliche Hilfe beschaffen, weil wir miteinander kommunizieren können. Für das Wohlempfinden unserer Hunde sind aber ebenfalls wir verantwortlich. Sehen wir bei unseren Hunden, dass sie zittern, mit aufgerissenen Augen und eingeklemmter Rute zeigen, dass etwas nicht in Ordnung ist, dann können wir nur vermuten, was das Tier umtreibt – denn darüber reden kann es nicht. Einem Tier nicht angemessen helfen zu können, lässt viele von uns im ersten Impuls den Weg des kleineren Übels einschlagen: wir versuchen, den Hund vor den angstauslösenden Situationen zu bewahren. Der Riesenzwerg „Angst" betritt die Bühne und lässt uns empathisch mit unserem Hund leiden. Zu gern würden wir ihm helfen, ihm erklären, dass alles in Ordnung ist, aber so wenig, wie er reden kann, versteht er unsere Sprache. *„Du musst doch vor dem Staubsauger keine Angst haben!"* Diese Worte sind im wahrsten Sinne Schall und Rauch, wenn sie der Hund hört. Da gibt es kein Verständnis für das Konzept des Staubsaugers, der Wohnungsreinigung oder den Begriff des Nicht-Müssens. Es ist laut, es wird abrupt bewegt, nicht selten schnaufen und fluchen die Bezugspersonen, die mit dem vermeintlichen Untier ringen. Für einen Hund mag es durchaus sinnvoll erscheinen, vor diesem Biest Angst zu haben. Besser eine fälschliche Angst als ein verlorenes Leben, nicht wahr?

Meine Malinois-Hündin Ixy entschied – um ein reales Beispiel anzuführen – ganz folgerichtig, dass die einzig brauchbare Lösung die Flucht aus dem Schlafzimmerfenster im ersten Stock des Hauses war. Ja, sie ist einfach aus dem Fenster gesprungen. Nach ihrem Verständnis war das die bessere Wahl, als eine halbe Stunde vor Stress speichelnd mit aufgerissenen Augen und angelegten Ohren im Kreis zu rotieren. Sie blieb unverletzt und saß vor der Haustür, zu der ich panisch gerannt war, nachdem ich den Hund im ganzen Haus nicht finden konnte.

Also meiden wir als Menschen das Angst auslösende Staubsaugen, wechseln vielleicht auf Besen und Wischer, verlieren Stunden und Sauberkeit, weil wir für unseren Hund versuchen, seinen Angstauslöser zu vermeiden? Aber wem tun wir damit eigentlich einen Gefallen? Hier, in meinem Haushalt, war das keine Lösung – spätestens als Ixy anfing, auch auf die Staubsaugergeräusche von Nachbarn zu reagieren, mussten wir aktiv werden. Unsere Lösung war ein Staubsaugerroboter, und warum das so ist, lässt sich auf den kommenden Seiten nachlesen.

„Hab keine Angst vor der Angst.“

Dieser Satz findet sich in einem späteren Kapitel dieses Buches und für mich ist er die beste Zusammenfassung der vielen wertvollen Inhalte, die die Autorinnen mit ihrer unglaublichen Expertise zum

Angstverhalten bei Hunden hier gesammelt haben. Alle drei, Ute Heberer, Katja Schumacher und Anna Pietschmann, sind nicht nur Hundetrainerinnen, sondern vor allem aktiv im Tierschutz, seit Jahren und Jahrzehnten.

Ute Heberer gründete den Tierschutzverein „Tiere in Not Odenwald“ und engagiert sich wie kaum eine andere Person nicht nur lokal, sondern auch landes- und bundesweit, über die Grenzen Deutschlands hinaus, nicht nur mit ganz konkreter, praktischer Hilfe für Tiere und insbesondere Hunde, sondern auch in der Politik und der Aufklärung und Bildung von Kolleginnen und Kollegen und heranwachsender Generationen. Tausende von Hunden hat sie gerettet, vermittelt, trainiert, erzogen und hin und wieder einmal verzogen – Ute hat sie alle auf neue Lebenswege geschickt und dabei mit ihrer furios-herzlichen Art viele Menschen inspiriert.

Ute und ich arbeiten seit Jahren zusammen – kennengelernt haben wir uns über die Zusammenarbeit an dem Buch „Aggressionsverhalten beim Hund“. Die Geschichten und Ressourcen, die Ute begleiten, sind immer eine Inspiration und ihre Energie eine Triebfeder auch bei langwierigen Projekten. Dass sie nun all ihr Wissen und ihre Erfahrungen zum Angstverhalten bei Hunden ebenfalls bündelt und ihrer Leserschaft zur Verfügung stellt, ist wichtig und eine Bereicherung für uns alle. Wiederum tut sie sich mit Menschen zusammen, um mehr als nur ihre eigenen Blickwinkel anzubieten, sondern ein umfängliches Werk zu erschaffen.

Katja Schumacher begleitet Ute seit vielen Jahren und hat sich in den letzten Jahren auf das Thema Angstverhalten bei Hunden spezialisiert. Davor und parallel trainiert sie Triathletinnen und Triathleten, stärkt Menschen, motiviert sie, ihre Ziele zu erreichen, und hat, so zielorientiert wie man es von einer Leistungssportlerin erwarten würde, ihre Arbeit durch Bildung solide fundiert und durch praktisches Handeln mit Erfahrung vertieft – bei „Tiere in Not Odenwald“ arbeitet sie mit jenen Hunden, die durch Angstverhalten auffällig werden.

Anna Pietschmann kommt aus den Wissenschaften. Als Hilfswissenschaftlerin am Max-Planck-Institut in Leipzig, heute – neben anderem – in gleicher Funktion tätig am Fraunhofer-Institut, mag Annas Laufbahn untypisch wirken, aber ihr Wissensschatz und ihr Willen, Themen in ihrer Gänze so umfassend wie möglich durch Fakten und Forschungsergebnisse zu erarbeiten, machen sie zu einem Leuchtturm in den Weltmeeren aus Mythen, Meinungen und Missverständnissen. Im engen Kreis trägt sie den Spitznamen Annapedia, also ihr Vorname verknüpft mit der größten Online-Wissensdatenbank Wikipedia, wegen ihrer einmaligen Fähigkeit, Forschungsveröffentlichung zu lesen, zu verstehen und im Kopf zu behalten. Annas Motivation ist die Maxime, dass das Bewerten und Handeln immer im Bewusstsein von Fakten und auch im Fehlen ebenjener geschehen muss.

Die drei Autorinnen vereinen hier in diesem Buch ihre Perspektiven, die von der Liebe zu Hunden und Menschen und der Wissenschaftlichkeit ihrer jahrelangen praktischen Arbeit mit unzähligen Hunden im Tierschutz und in Privathand geformt wurden und werden. Ihr Handeln basiert auf Fachkenntnis, Wohlwollen und Pragmatismus, Sachlichkeit und berührenden, aber auch belastenden Erfahrungen. Wenn sich drei solche Persönlichkeiten zusammentun, dann entsteht ein Werk, das für die Leserschaft immer eine Erkenntnis bereithält:

Warum …

- Verständnis bei Ängsten wichtig, aber mitleiden der falsche Weg ist.
- Angst nicht immer falsch ist, aber manchmal unbedingt überwunden werden muss.
- wir, als Menschen, unseren Hunden dabei helfen können, Angst zu überwinden, auch wenn sie nicht darüber reden können.
- es sich lohnt, sich durch Profis im Berufsfeld Hundetraining unterstützen zu lassen.

Ute, Katja und Anna bereiten für die Leserschaft die Grundlagen der Biologie des Hundes verständlich auf, um dann in die Erlebniswelt der Ängste einzutauchen. Die großen Angstquellen vieler Hunde werden umsichtig erläutert und mit Forschungsergebnissen unterstützt. Danach liefern sie Fallbeispiele echter Hunde, erzählen ihre Geschichten und erklären beispielhaft Lösungsansätze. Im Anschluss folgen praktische Tipps rund um das Bearbeiten von Angstverhalten. Das vorliegende Buch wird durch eine Perspektive vervollständigt, die ungleich wertvoller ist: die auf den Menschen. Die Menschen, die mit Angsthunden leben, ihnen helfen und mit ihnen trainieren möchten. Mit viel Einfühlungsvermögen geben die Autorinnen Ratschläge, die dabei helfen, sich zu orientieren und einen Plan zu fassen, um Hunde richtig einzuschätzen und die passenden Lösungen zu finden.

In einer Zeit, in der – mal sinnvoll, mal dogmatisch – die Grenzen zwischen angestrebtem Tierwohl und extremem Aktivismus verschwimmen, wo Menschen in voller Überzeugung auf öffentlichen Veranstaltungen darlegen, dass sie eher ihren Hund als das fremde Baby aus einem brennenden Haus retten würden und dafür zustimmendes Nicken im Publikum erhalten. Wo versucht wird, die natürlich schlechte Arbeit von Hundetrainern bzw. Hundetrainerinnen als Ursache für jedes unerwünschte Verhalten bei Hunden, mal Aggression, mal Angst, mit imposanten Worten und schlecht konzipierten Studien zu belegen. Und wo lerntheoretische Grundlagen und schützende Hilfsmittel mit irrationalen Unterstellungen und polemischen Schuldzuweisungen verteufelt werden … freue ich mich über dieses Werk und die Botschaft, die es vermittelt:

Gemeinsam – Mensch mit Hund – kann man es schaffen,
Ängste zu überwinden und das Zusammenleben zu genießen.

Ganz ohne überdramatische Zwergriesen, Staubsaugermonster und Polemik, mit der Hilfe von erfahrenen Menschen, die das Angstverhalten des Hundes und das Leid der Menschen fest im Blick behalten und von aus Erfahrung gespeistem Optimismus bestärkt ihr Wissen als Hilfe anbieten. Viel Freude und neue Erkenntnisse mit diesem Buch!

Dr. Nora Brede
Evolutionsbiologin
Geschäftsführerin KynoLogisch GbR

Teil I – Einleitung

KAPITEL 1

Hunde als enge Sozialpartner

Unsere Hunde haben oft einen wichtigen Stellenwert als Sozialpartner und Familienmitglied. Sie sind nicht einfach nur Haustiere, die zweimal am Tag Futter erhalten und versorgt werden. Im Gegenteil, Hunde binden sich oft eng an ihre Bezugsperson und wir profitieren von ihren einzigartigen Fähigkeiten, sich kommunikativ und sozial an uns anzupassen. Mittlerweile ist bekannt, dass Hunde teilweise unsere Emotionen entschlüsseln können und ähnliche Bindungsmuster aufweisen wie die von Kleinkindern zu ihren Eltern. Die Hundehaltung geht mit zahlreichen positiven Effekten einher. Neben mehr gesundheitsfördernder Bewegung kann das Zusammensein mit Hunden einen stresslindernden Effekt haben. Für Menschen, die sich isoliert fühlen und Schwierigkeiten bei der Interaktion mit anderen Personen empfinden, ist der vierbeinige Partner oft eine große Unterstützung. Kinder, die mit Hunden aufwachsen, entwickeln nützliche soziale Kompetenzen. Insgesamt bringt der beste Freund des Menschen in vielen Fällen mehr Lebensqualität in das Leben ihrer Halter, was nicht zuletzt die Erfolgsstory als ältestes und zweithäufigstes Haustier erklären dürfte.

Verstärktes Bewusstsein über Gefühlslagen

Das enge Zusammenrücken von Mensch und Hund und die enge Bindung führen auch zum verstärkten Beachten der hündischen Gefühlslage. Das betrifft insbesondere das Gefühl der Angst. Ein verstärktes Bewusstsein über die Angst beim Hund hat Vor- und Nachteile. Gut ist, dass Halter von Hunden mit Angstproblemen ein feineres Gespür für ihre Vierbeiner entwickeln. Andererseits berichten jene Hundehalter aber auch von Schuldgefühlen und belasteter mentaler Gesundheit. Diese resultieren vor allen Dingen aus der permanenten Sorge um den Hund und dem starken Wunsch, dass er seine Angst ablegen kann.

Dauerhaft bestehende Ängste, ohne Erholungsphasen, sind auf vielen Ebenen eine Belastung für den Hund. Betroffene Hunde zeigen Anzeichen von verringerter Lebensqualität.

Unerwünschtes Verhalten wie exzessives Bellen, Zerstören von Gegenständen, Aggressionsverhalten sind in diesem Zusammenhang häufige Folgen. Andere Hunde wiederum ziehen sich vollkommen zurück und zeigen kein Erkundungsverhalten mehr (Dreschel, 2005). Die physische Gesundheit wird ebenfalls durch problematisches Angstverhalten beeinflusst. Das Immunsystem betroffener Hunde ist oft geschwächt und das Risiko für verschiedenste Erkrankungen erhöht. Als Konsequenz gibt es Hinweise auf eine verkürzte Lebensdauer von dauerhaft unter starken Ängsten leidenden Hunden (Dreschel, 2010). Darüber hinaus sind Auswirkungen auf das Lernverhalten zu beobachten. Stark geängstigte Hunde haben oft verringerte Kapazitäten, um Alltagsfertigkeiten für das Zusammenleben zu lernen. Das Sozialverhalten unter Artgenossen leidet zusätzlich bei Hunden, die in ihrer Angst gefangen bleiben. Immer wieder gibt es Fälle von Angsthunden, die tragischerweise über Jahre hinweg ohne Kontakt zu Artgenossen verbleiben. Der Mangel an hündischen Sozialkontakten kann sich mitunter deutlich negativ auf die Lebensqualität auswirken.

Ist Angst grundsätzlich negativ zu bewerten?

Nein. Die Fähigkeit, Angst zu empfinden, ist ein überlebensnotwendiger Teil des hündischen und menschlichen Alltags. Angst hilft uns dabei, potenzielle Gefahren zu erkennen und den Körper darauf vorzubereiten, einer Bedrohung effizient zu entgehen. Wir lernen durch Angst, uns gefährdende Situationen, Lebewesen und Handlungen zu vermeiden. Angst motiviert außerdem, Risiken zu evaluieren und unsere Entscheidungen zu überdenken.

Urbach-Wiethe-Syndrom

In dieser Hinsicht ist der Fall einer unter dem Urbach-Wiethe-Syndrom leidenden Patientin interessant, die in der Forschung unter den Initialen S. M. bekannt wurde. Die Krankheit geht mit der Verkalkung und somit dem Ausfall einzelner Hirnregionen einher. In ihrem Fall betraf die Verkalkung die Amygdala, eine für Angstempfindungen wesentliche Gehirnstruktur. Durch die fehlende Angst und damit fehlenden Anpassungsreaktionen begab sich die Patientin wiederholt in gefährliche Situationen. Überdurchschnittlich oft wurde sie deswegen Opfer von schwerer häuslicher Gewalt, Mordversuchen und Raubüberfällen (Feinstein et al., 2011).

Angst und Furcht können tatsächlich auch gesund sein. Sie motivieren uns, Gesundheitsrisiken zu vermeiden und Vorsorgemaßnahmen wie einen gesunden Lebensstil, Impfungen oder Risikountersuchungen zu treffen. Angst ist also kein lästiges Übel, sondern essenziell wichtig. Auch Hunde profitieren in vielen Aspekten von ihren Angstgefühlen. Es wäre beispielsweise dem Überleben nicht zuträglich, keine Hemmungen an steilen Hängen zu haben. Furcht hat auch einen kommunikativen Wert. Hunde, die akut Angst empfinden, zeigen in vielen Fällen deutliche körpersprachliche Signale wie das Zurückverlagern des Körperschwerpunkts oder zurückgelegte Ohren. Artgenossen und Menschen können je nach Verständnis angepasst auf das jeweilige Verhalten reagieren und Konflikte vermeiden.

Während also ein gewisses Maß an Angst überlebensnotwendig und absolut normal ist, muss Hunden mit übersteigerter Angst geholfen werden. Je länger das problematische Angstverhalten unberücksichtigt bleibt, desto hartnäckiger bleibt es mitunter bestehen. Ein Überbehüten des Hundes ist jedoch zu vermeiden. Untersuchungen weisen darauf hin, dass überbehütendes Verhalten vom Menschen zu verstärkter Angst beim Hund führt (Pereira et al., 2016). Wer zu jeder Zeit den Hund vor jeglichem Stress schützen und ihm keinerlei Bewältigungsstrategien im Falle von negativen Gefühlslagen vermitteln möchte, verstärkt mitunter seine Ängstlichkeit (Dodman et al., 2018).

Angstzustände erkennen

Wie häufig der Hund im Alltag mit Angst konfrontiert ist, lässt sich nur beantworten, wenn die Anzeichen für eine ängstliche Gefühlslage bekannt sind. Kenntnisse über die Körpersprache erlauben es, Angst und Furcht zu erkennen. Je mehr Kompetenzen diesbezüglich vorhanden sind, desto besser kann der Mensch problematische Situationen erkennen und sie bearbeiten. Konkrete Furchtauslöser und ängstigende Situationen sind dann auch ermittelbar und erlauben einen achtsamen Umgang. Wer früh kritische Situationen ausfindig macht, kann an diesen arbeiten, bevor ein gravierendes Angstproblem entsteht.

In zahlreichen Fällen haben Hunde, bedingt durch eine unzureichende Konfrontation mit Umweltreizen, Defizite im stabilen Umgang mit ihrer Außenwelt. Überwiegend besteht die Möglichkeit, durch gezielte Methoden diesen Hunden zu deutlich mehr Sicherheit zu verhelfen. Auch das ist nur möglich, wenn die entsprechenden Probleme der Hunde frühzeitig erkannt werden. Im Buch sind daher Informationen zu finden, wie genau ein Hundehalter erfassen kann, wann ein Hund Angst empfindet. Bei sämtlichen Interpretationen der Körpersprache ist die Tatsache zu beachten, dass sie eben nur Interpretationen sind. Auf welche Merkmale wir uns fokussieren und welche Schlussfolgerungen wir daraus ziehen, hängt von vielen variierenden Faktoren ab:

› Wie ist meine aktuelle Gefühlslage?
› Welche Beziehung habe ich zu dem Hund?
› Worauf genau lag die Aufmerksamkeit?
› Rekonstruiere ich die Situation aus meinem Gedächtnis oder liegt konkretes Bildmaterial vor?

Ein nüchternes Erfassen des Hundeverhaltens kann helfen, einen objektiveren Blick auf das Angstverhalten zu bekommen. Hierbei hilft die Erstellung eines sogenannten Ethogramms, eine Methode, die später im Buch vorgestellt wird (siehe S. 37). Das sichtbare Verhalten vom Hund kann dadurch zunächst wertungsfrei beobachtet und anschließend sinnvoll interpretiert werden.

Je objektiver es uns gelingt, die Körpersprache zu lesen, und je mehr wir uns im Beschreiben üben, desto effizienter können wir den Hund unterstützen. Sich ein Stück weit von der „vermenschlichenden Brille“ zu entfernen, ist dabei von zentraler Bedeutung. Vermenschlichung, im Fachbegriff „Anthropomorphismus“, beeinflusst auf mannigfaltigen Wegen die Interpretation von Hundeverhalten. Das birgt die Gefahr, bei für uns ängstigenden Situationen davon auszugehen, dass sie auch den Hund stressen würden. Oder aber zu meinen, dass Reize, denen wir keinerlei Bedeutung beimessen, auch für den Hund unwichtig sind. Beides Fehlannahmen, die fatale Folgen haben können.

Schwierig ist auch der Gedanke, Hund und Mensch müssten sich zu jeder Zeit in einer positiven Gefühlslage befinden. Negative Emotionen sind ein normaler, notwendiger Bestandteil im Leben. Selbst bei uns ist die Idee, dauerhaft glücklich zu sein, mit Nebenwirkungen verbunden. Der Druck, sich dauerhaft in einer positiven Gefühlslage befinden zu müssen, kann ein enormer Stressor sein. Notwendige Verhaltensänderungen und Anpassungen werden möglicherweise nicht ergriffen (Lomas et al., 2014). Im Zusammenleben mit einem Hund besteht die Gefahr, in mehrdeutigen Situationen schwere Angst im Hundeverhalten zu sehen, obwohl die objektiven Zeichen eher in Richtung leichte Unsicherheit weisen. Die bereits erwähnte Überbehütung ist eine weitere mögliche Folge. Oft genug tritt durch Vermenschlichung aber auch das Gegenteil ein. So tendieren viele Personen dazu, durch Stress zurückgezogene Lefzen des Hundes als Freude zu interpretieren. Hat der Hund große Trennungsangst und zerstört während der Abwesenheit seiner Halter Gegenstände, wird ihm gemäß einer „menschlichen Logik“ Vorsatz unterstellt, unter Umständen auch noch verbunden mit einer für den Hund unverständlichen Strafe.

Wege zu einem angstfreieren Leben

Allein zu erkennen, wann ein Hund übermäßig viel Angst hat, ist natürlich nicht ausreichend. Genauso wichtig ist zu wissen, wie ihm am besten geholfen werden kann. Das Buch vermittelt sinnvolle Möglichkeiten, um dem Hund ein angstfreieres Leben zu ermöglichen. Die konkrete Arbeit an der Angst ist so viel mehr als nur „Hundetraining". Sie hat das Potenzial, die Lebensqualität von Mensch und Hund deutlich zu erhöhen. Der Hund gewinnt durch das Erlernen neuer Bewältigungsstrategien Selbstvertrauen und wird mental widerstandsfähiger. Das Vertrauen zwischen Hund und Halter kann durch eine verbesserte Kommunikation gefördert werden und so dem Vierbeiner mehr Sicherheit geben. Wird der Mensch zunehmend als verlässlicher, stabiler Bindungspartner erlebt, sind neue Herausforderungen einfacher zu bewältigen. Tierschutzhunde, mit problematischem Angstverhalten, haben bessere Vermittlungschancen, wenn aktiv und zielführend trainiert wird. In den Fallbeispielen finden sich zahlreiche Beispiele von Tierschutzhunden, deren Lebenswege durch einen kompetenten Umgang mit ihrer Angstproblematik eine dramatisch positive Wendung erfahren haben.

Die gezielte Arbeit an Angstproblemen ist oft steinig und gelegentlich frustrierend. Evolutionär hat sich das Prinzip bewährt, lieber einmal zu vorsichtig zu sein, als zu sterben. Das gilt auch für den Hund. Dementsprechend hartnäckig halten sich Ängste, und Rückfälle sind häufig unvermeidbar. Manchmal müssen verschiedene Wege ausprobiert werden, um die sinnvollsten Maßnahmen für den individuellen Hund zu ermitteln. Hin und wieder lassen Erfolge zunächst auf sich warten. Wir möchten mit dem Buch Mut machen, dennoch motiviert daran festzuhalten, den Angsthunden zu helfen. Es gibt immer einen Weg, dem Hund zu einem angstfreieren Leben zu verhelfen.

Auch wenn der Vierbeiner noch keine gravierenden Angstprobleme aufweist, ist es sinnvoll, sich mit der hündischen Angst auseinanderzusetzen. Spezifischere Kenntnisse sind äußerst hilfreich bei der Vorbeugung. Bereits bei der Hundewahl und der Aufzucht werden wesentliche Entscheidungen getroffen, die sich auf die Ängstlichkeit auswirken. Hier sind besonders neuere Erkenntnisse zur Erblichkeit von ängstlichem Verhalten spannend. In den ersten Wochen des gemeinsamen Zusammenlebens von Welpe und Halter erweisen sich bereits kleine Stellschrauben als maßgeblich für die spätere Umweltsicherheit. Immer wiederkehrenden Problemen wie der Angst vor Feuerwerken und Trennungsangst kann durch gezieltes Training vorgebeugt werden.

Umfangreiche Kenntnisse über das Angstverhalten von Hunden sind also immer gewinnbringend. Die Inhalte der folgenden Kapitel vermitteln Wissen zu den biologischen Grundlagen der Angst, der Körpersprache und möglichen Trainingswegen. Auch die Möglichkeiten und Grenzen von Nahrungsergänzungsmitteln sowie Medikamenten gehören dazu.

Die aktive Arbeit an der Angst mit Wissen, Durchhaltevermögen und Motivation kann unzähligen Hunden und Menschen dabei helfen, ein glücklicheres Leben zu führen.

TEIL II – Grundlagen

KAPITEL 2

Biologie des Hundes

Um Hunden mit Angstproblemen effektiv helfen zu können, ist es notwendig, die biologischen Hintergründe von Angstverhalten zu kennen. Nur wer Kenntnisse über das Ausdrucksverhalten hat, kann anhand bestimmter Verhaltensmerkmale Schlussfolgerung über den Gefühlszustand des Hundes treffen. Allein die Erfahrung und das langjährige Zusammenleben mit Hunden sind dabei unzureichend, wie die Ergebnisse einer Studie von Tami und Gallagher (2009) zeigen. Besonders ängstliches Verhalten wird oft übersehen, überinterpretiert oder verkannt (Wan et al., 2012). Mit Wissen über die mit Angst einhergehenden körperlichen Prozesse gelingt die Einschätzung besser, ob ein individueller Hund dringend Hilfe benötigt. Außerdem können so Entscheidungen über die gezielte Therapie und sinnvolle Trainingsmaßnahmen getroffen werden. Einblicke in die Entstehung und die Lernprozesse von Angst ermöglichen vorbeugende Maßnahmen gegen Ängste. Einblicke in mögliche, Angst fördernde Krankheitsbilder sind zudem mitunter der Schlüssel zu Erfolgen bei therapieresistent erscheinenden Angsthunden.

Definition und Funktion von Angstbegriffen

Um zu kommunizieren, benutzen wir Menschen zu großen Anteilen unsere Sprache. Wir verständigen uns also über ein System aus bedeutungstragenden Worten. Schätzungen zufolge umfasst die deutsche Sprache mehr als 23 Millionen Wörter, die auch die differenzierte Beschreibung von Empfindungen und Gefühlen ermöglichen. Zu diesen gefühlsbeschreibenden Begriffen zählt die „Angst". Wir haben Angst vor bestimmten Situationen, vor Angst rutscht uns das Herz in die Hose und wir ermutigen andere mit der Aufforderung, keine Angst haben zu müssen. Aber was genau macht die Angst nun aus?

Zunächst fällt auf, dass zum Wort „Angst" sehr viele Synonyme existieren, also Wörter mit gleicher oder ähnlicher Bedeutung: **Enge, Sorge, Furcht, Bedenken, Unsicherheit, Grauen, Unruhe, Panik, Kummer, Befürchtung, Entsetzen, Unrast, Besorgnis, Schreck, Unbehagen, Feigheit und Bange.**

Da ist es nicht verwunderlich, dass auch in Bezug auf den Hund unterschiedlichste Definitionen des Angstbegriffs im Alltag existieren. Grund genug, sich der näheren Klärung verschiedener Begriffe rund um die Angst des Hundes zu widmen.

Angst und Furcht

Angst kann allgemein als emotional negativer Zustand bezeichnet werden, der in Folge einer als bedrohlich wahrgenommenen Situation auftritt. Der Körper wird dabei durch verschiedene Hormone und Botenstoffe in Alarmbereitschaft versetzt. Das äußerst sich beispielsweise in einer beschleunigten Atmung, in Herzrasen und erhöhter Aufregung.

Oft ist zudem eine zusätzliche Unterscheidung zwischen Angst und Furcht zu finden:

Furcht wird dabei als eine emotionale Reaktion auf eine akut gegenwärtige Gefahr definiert. Sie äußert sich in Verhaltensänderungen wie Flucht, Vermeidungs- oder Verteidigungsverhalten. Körperliche Symptome wie eine erhöhte Herzfrequenz und Hecheln sind damit verbunden.

Angst hingegen wird als emotionale Reaktion auf eine bevorstehende oder potenzielle Gefahr definiert, die tatsächlich gar nicht vorhanden ist. Im Gegensatz zur Furcht fehlt ein konkreter Auslöser für die Angst und der Hund kann in diesem Fall keine sinnvolle Anpassungsreaktion wie die Flucht zeigen.

Sowohl in der wissenschaftlichen Literatur als auch in der Alltagssprache überwiegt die austauschbare Verwendung von Angst und Furcht als Synonym. Schließlich beziehen sich beide Begriffe auf eine emotionale Reaktion in Folge von bedrohlichen Reizen (Blackwell et al., 2013).

Furcht und Angst sind lebensnotwendig!
Sie lassen uns und alle Lebewesen bei Gefahr angemessen reagieren und so überleben. Helden sterben häufig jung und können sich entsprechend kaum reproduzieren. Furcht macht also handlungsfähig. Sie setzt den Körper unter enormen Stress, der wiederum viele chemische Prozesse in Gang setzt, die dem Überleben dienen. So werden z. B. Verdauungs- und Sexualorgane stillgelegt, die Bronchien erweitern sich, die Muskelspannung erhöht sich, Reflexe werden verfeinert und verbessert, das Herz rast, der Blutdruck steigt. Dabei werden Blutzucker und Fette bereitgestellt, um Kraft zu haben für das, was

kommen kann, und die Gerinnungsfähigkeit des Blutes wird erhöht, um schneller Wunden zu schließen, ebenso die Schmerztoleranz. Unfallopfer sprechen davon, dass die Schmerzen erst zu spüren sind, wenn der Körper sich langsam entspannt.

Das klingt erst einmal gruselig und keiner würde das doch freiwillig sich oder seinem Tier zumuten, oder? Warum also schauen oder lesen wir so gern Thriller, fahren Achter- oder Geisterbahn? Es ist das Gefühl dabei: diese momentane Unverwundbarkeit im Stress und dieses Hochgefühl danach. Klar könnte man dem Hund jeglichen Stress vermeiden, man würde ihm aber dann auch das gute Gefühl verwehren, etwas geschafft zu haben.

Man fordert z.B. kleine Kinder auf, waghalsige Dinge zu tun, wie – abgesichert durch die Eltern – von einer Mauer zu springen (sie fürchten sich, trauen sich erst nicht und werden doch genötigt, mit Unterstützung ihrer Eltern, zu springen). Oder wer kennt nicht „Engelchen flieg", wo die Kinder an den Händen genommen und in die Luft gewirbelt werden. Dies alles sind Übungen zum Umgang mit Furcht und Resilienz. Es wäre doch fatal, unseren Hunden diesen Lernprozess zu verwehren, um sie vor dem angenommenen Gefühl von Angst zu schützen. Ein Hund, der sich fürchtet, beispielsweise eine Treppe zu laufen oder über einen Graben zu springen, freut sich mit wilden Sprüngen, wenn er es dann doch geschafft hat.

Unsicherheit

Unsicherheit ist die abgeschwächte Form der Furcht. Ein Zögern oder Meiden vielleicht beim auslösenden Reiz. Man traut sich nicht. Da braucht es möglicherweise nur eine Aufforderung: Doch, das schaffst du! Also eine Hilfestellung, den nächsten Schritt zu gehen. Hier mit einem breiteren Trainingsangebot zu reagieren, würde den unangenehmen Reiz erst wichtig machen. Mehrere Wiederholungen mit entspanntem Umgang reichen, um den Reiz als ungefährlich einzuordnen. Mit einem bei Autos Unsicherheit zeigenden Hund könnte man, abhängig von seiner Reaktion, mit etwas mehr oder weniger Abstand entspannt an einer Straße entlang laufen. Der Hund wird nach einer Weile feststellen, dass die Autos nur vorbeifahren und ihm nichts passiert.

Misstrauen

Anders ist es beim Misstrauen. Das bedeutet, man hat kein Vertrauen in jemanden, vermutet oder unterstellt etwas Unangenehmes und glaubt schlichtweg nicht. Habe ich einen Hund in einer solchen Situation, kann ich davon ausgehen, dass schlechte Erfahrungen vorausgingen. Die Hunde sind hierbei oft sehr wehrhaft und verweigern die Kooperation. Gut zureden hilft in solchen Fällen nicht. Man kann angenehme Situationen schaffen, in denen gegenseitiges Vertrauen entsteht. Auch kleinere, gemeinsam durchgestandene Konflikte lassen Beziehungen wachsen. Vertrauen entwickelt sich durch Erfahrungen, gemeinsame Erlebnisse, ein Ab- und Einschätzen des Gegenübers in verschiedenen Situationen. Erlebt der Hund uns in stressigen Situationen als ruhig und überlegt, also als überlegen, wird er das Misstrauen uns gegenüber verlieren. Man darf allerdings NIEMALS seine Befürchtungen bestätigen. Wenn der Hund Menschen als Bedrohung sieht und möglicherweise sogar angreift, sollte man sich keinesfalls auf einen Kampf einlassen, sondern die Situation verpuffen lassen. Heftige Gegenwehr würde das Misstrauen verstärken.

Für all diese Empfindungen sind grundsätzlich verschiedene Reaktionen des Menschen erforderlich. Man muss genau hinschauen, welches Verhalten der Hund zeigt.

Phobie und Panik

Eine extreme Art der Furcht wird als Phobie bezeichnet. Eine Phobie bezieht sich auf eine plötzliche, übermäßige und starke Furcht vor einem bestimmten Auslöser. Sie ist in ihrer Intensität stärker, als es in der entsprechenden Situation angemessen wäre. Die oft extremen Verhaltensreaktionen stehen in keinem Verhältnis zur tatsächlichen Bedrohung. Im Gegensatz zur normalen Furcht bleiben die Symptome einer Phobie auch dann noch bestehen, wenn der auslösende Stimulus gar nicht mehr vorhanden ist. Phobien entwickeln sich in vielen Fällen relativ plötzlich und sind von Anfang an sehr intensiv. Furcht und Angst entwickeln sich hingegen eher allmählich. Es scheint, dass oft eine einzige Schlüsselsituation ausreicht, um eine Phobie gegenüber einem bestimmten Auslöser zu entwickeln. Die betroffenen Situationen werden nach Möglichkeit vermieden und sind immer mit einem hohen Maß an Angst und Stress verbunden.

Der Begriff der Panik definiert eine besonders intensive Form der Angst, die wie aus heiterem Himmel auftritt und eine extrem starke Angstreaktion auslöst. Bewusstes Verhalten ist dann fast nicht mehr möglich. Befindet sich der Hund in einer Panikattacke, sind häufig kopflose Fluchtversuche und extrem starkes Hecheln zu beobachten.

Ängstlichkeit

Ängstlichkeit beschreibt ein Persönlichkeitsmerkmal. Die genaue Definition von Persönlichkeit variiert zwischen den verschiedenen psychologischen Disziplinen. Es besteht jedoch der gemeinsame Konsens, dass Persönlichkeit eine individuelle Zusammenstellung verschiedener Denkmuster und Einstellungen ist. Diese bleiben über längere Zeiträume hinweg stabil und beeinflussen das charakteristische Denken, Fühlen und Handeln. Die Persönlichkeitsmerkmale erklären daher zumindest teilweise, warum sich ein Hund auf eine bestimmte Art und Weise verhält. Hunde, die eher ängstlich sind, verhalten sich eher vorsichtig. Je stärker die Ängstlichkeit ausgeprägt ist, desto stärker ist die grundsätzliche Furcht vor allem Fremden, Neuen und Ungewohnten. Habe ich einen ängstlichen Hund, so braucht der viele Mutmach-Erlebnisse, viele kleine positive Erfahrungen und harmlose Begegnungen, die Freude machen und eine positive Grundstimmung bringen. Diese Hunde brauchen Rituale, viele Wiederholungen und kleinschrittige Veränderungen. Da können neu gelernte Alltagssituationen überschwänglich gelobt werden, damit der Hund etwas mutiger durch die Welt geht. Dazu braucht es aber einen sehr stabilen Sozialpartner, an dem er sich orientieren und anlehnen kann. Dies ist im Idealfall der Mensch, oft ist aber auch ein weiterer Hund die notwendige Stütze. Solche Hunde brauchen enge Regeln, klare Grenzen, in denen sie sich orientieren können. Ein großer Fehler wäre es, diesen Hunden Freiraum für eigene (Fehl)-Entscheidungen zu geben. Keine Flexi- oder Schleppleine, sondern eine normale Leine, an der man den Hund anleiten kann, wie er in furchteinflößenden Situationen reagieren soll.

Schreckhaftigkeit

Eine Schreckreaktion ist zunächst normal. Hunde reagieren auf einen plötzlichen Reiz (z. B. lautes Geräusch) wie wir Menschen auch. Es gibt aber auch Hunde, die eine erhöhte Schreckhaftigkeit aufweisen, das heißt, sie reagieren schneller und öfter auf Reize und erholen sich auch schlechter von dem Schreck. Oft sind das unsichere oder ängstliche Hunde. Schreckhaftigkeit kann erblich oder krankheitsbedingt sein, die Ursache kann ebenso eine Überlastung, eine belastende Lebenssituation oder eine traumatische Erfahrung sein.

Verhalten und Ausdruck

Hunde verhalten sich angepasst an ihre Umwelt. Verhalten kann bewusst oder unbewusst stattfinden, offen oder versteckt, freiwillig oder unfreiwillig (Abrantes, 1997).

Grundsätzlich setzt sich ein Verhalten durch, das für die biologische Fitness von Vorteil ist. Das heißt, es verlängert das Leben oder erhöht die Chance, sich zu reproduzieren. Wenn Hunde aus Furcht fliehen, sich verstecken oder auch zubeißen, dann hat das im Normalfall biologisch nützliche Hintergründe: Wenn etwas wirklich Gefährliches auftaucht, ist dies sinnvoll und überlebenswichtig. Ein Tier ohne Furcht würde gefressen, ein Straßenhund ohne Furcht von Autos überfahren werden. Auch Menschen wissen um Gefahren und empfinden Furcht. Wie schon beschrieben, verschwindet Furcht im Unterschied zur Angst, sobald der Auslöser weg ist oder das Objekt oder Lebewesen als ungefährlich identifiziert wurde. Angst bleibt bestehen, solange sich nichts verändert. Angst kann sich nicht von allein auflösen.

Ein Hund in permanenter Angst wird sich nicht vermehren, auch das hat biologische Gründe, denn ein sich in Gefahr befindendes Lebewesen kann keine Nachkommen großziehen, es muss zunächst selbst überleben. Das ist auch der Grund, dass Hündinnen manchmal erst läufig werden, wenn die Angst überwunden ist und sie sich in ihrem Umfeld sicher fühlen.

Ethogramme

Die Ethologie untersucht das Verhalten einer Tierart mit wissenschaftlichen Methoden. Dank zahlreicher Studien und diversen Forschern, die sich intensiv mit dem Verhalten von Hunden und Wölfen befasst haben, wissen wir heute relativ viel über Hundeverhalten und deren Ausdruck. Wir haben dadurch die Möglichkeit, es differenziert zu beobachten und zu erklären.

Bei dieser objektiven Beurteilung von Hundeverhalten und Ausdruck geht es erst einmal nur darum, es zu beobachten, und nicht darum, es zu interpretieren.

Roger Abrantes, Biologe und Ethologe, hat an der Universität Cambridge ein Ethogramm entwickelt, mithilfe dessen er das Ausdrucksverhalten der Hunde erfasst hat. Es handelt sich um eine Tabelle, in der z. B. Mimik, Gestik und Lautäußerungen der Hunde eingeordnet werden. Hier wird unterschieden zwischen einem neutralen Ausdruck, sozialem Verhalten und agonistischem Verhalten.

Der **neutrale Ausdruck** des Hundes wäre eine neutrale Körperhaltung, entspannte Mimik, je nach Rasse eine entspannt herunterhängende oder auch stehende Rute. Ein Hund, der sich in einer sozialen Kommunikation befindet, zeigt eine eher nach vorn gerichtete Körperhaltung und Mimik oder eine nach hinten gerichtete Körperhaltung und Mimik. Je nach Kommunikation (Spiel oder Streitgespräch) ist die Anspannung gering bis sehr angespannt, die Anspannung lässt sich gut anhand der Haltung beurteilen.

Ein Hund in Angst macht sich klein, er möchte verschwinden; die Augen sind so weit aufgerissen, dass man das Weiße sieht, die Pupillen sind geweitet. Die Ohren sind angelegt, die Stirn meist in Falten, die Maulspalte lang, der Schwanz ist eingezogen, der Rücken rund und der ganze Hund ist nach hinten gerichtet und sehr angespannt. Bei extremer Angst kann es vorkommen, dass Hunde koten und urinieren.

Grundsätzlich ist auch die Muskulatur ein guter Anhaltspunkt, um über den inneren Zustand des Hundes anhand der Körpersprache Informationen zu gewinnen. Sind die Bewegungen kurvig und die Muskulatur locker, befindet sich der Hund in der Regel noch nicht in starker emotionaler Anspannung. Je größer die innere Anspannung wird, desto steifer werden die Bewegungen des Hundes. Die Muskulatur ist dann deutlich angespannt, was vor allen Dingen im Gesichtsbereich deutlich sichtbar ist.

Verhalten am Blick erkennen

Gut beurteilen lässt sich das Verhalten eines Hundes schon an seinem Blick, denn er unterscheidet sich deutlich bei den hier beschriebenen Emotionen. Mit etwas Übung kann man die Gemütsregungen ganz gut am Blick erkennen. Mit dieser ersten Einschätzung ist es einfacher, in den richtigen Kontakt mit dem Hund zu gehen.

- Ein unsicherer Hund zeigt sich zögerlich neugierig, der Blick ist dabei recht weich und offen, eher fragend.
- Ein Hund, der sich fürchtet, hat die Augen weit offen, fixiert damit das furchteinflößende Objekt oder vermeidet den Blickkontakt. Er schaut ängstlich aus und Ansätze vom Augenweiß sind sichtbar.
- Ist der Hund misstrauisch, so zeigt sich dies in einem sehr kritischen Blick, er beobachtet scharf alles, was um ihn herum geschieht; er mustert sein Gegenüber oft von unten nach oben; er beobachtet dabei wahlweise die Hände oder die Füße, was mit schlechten Erfahrungen zu tun haben kann.
- Ein Hund in Panik reißt die Augen weit auf. Man sieht das Weiß besonders stark in den Augen.

Reaktionen auf Angst und Furcht

Ist der Hund mit einem konkreten Angstauslöser konfrontiert, bleiben ihm drei Reaktionsmöglichkeiten, die als „die drei F“ bezeichnet werden.

Das erste „F“ aus dem englischen **Fight = Kämpfen** sagt schon aus, wie der Hund bei Bedrohung reagieren wird. Er reagiert mit Aggressionsverhalten. Dies kann Drohverhalten wie eine vorwärts gerichtete Körpersprache, gekräuselte Lefzen, Knurren und Abschnappen umfassen. Bei besonders großer Angst kämpft der Hund tatsächlich gefühlt um sein Leben. Es geht hier nicht um ein Abschnappen oder gezielte Bisse. Der Hund beißt um sich, in alle Richtungen und in alle Gliedmaßen. Er wird sich sehr unverhältnismäßig wehren und ist dabei nicht ansprechbar oder zu unterbrechen. Er wird erst aufhören, wenn die Gefahr vorüber ist.

Beim zweiten „F“ aus dem englischen **Flight = Flucht** nimmt der Hund die nächste Möglichkeit wahr, um wegzulaufen. Während bei leichter Furcht allein eine Distanzvergrößerung zum Angstauslöser reicht, kann das Fluchtverhalten bei starken Angstauslösern extreme Ausmaße annehmen. Die Hunde, die aus starker Angst flüchten, rennen um ihr Leben. Sie nehmen dabei die Umwelt nicht mehr deutlich wahr, achten auf keine weiteren Gefahrenmomente, sondern versuchen, möglichst schnell möglichst viel Raum zwischen sich und der Gefahr zu schaffen. Hunde, die aus Angst flüchten, sind kaum aufzuhalten und auch sie kommen erst zu sich und nehmen ihre Umwelt wieder vollumfänglich wahr, wenn Zeit und Raum dazwischen sind.

Beim dritten „F“ spricht man im Englischen von **Freeze = Einfrieren**. Dies ist ein Zustand, der sehr belastend für das Tier ist, denn es ist die Selbstaufgabe, da ihm keine Möglichkeit zur Verfügung steht, aus der gefährlichen Situation zu entkommen. Von allen Reaktionsmustern ist das Einfrieren physisch wie psychisch oft besonders belastend und bedarf am dringendsten einer Hilfestellung. Je ängstlicher ein Hund von seiner Persönlichkeit her ist, desto häufiger greifen diese Tiere auf das Einfrieren in Konfliktsituationen zurück.

Beim vierten „F“ wird meist von **Flirt** gesprochen. Es ist ein „Um-den-Finger-Wickeln“, ein „Einschleimen“, aktives Demutsverhalten, um das Gegenüber in eine positivere Grundstimmung zu bekommen. Es ist weit weg von der Angst, die wie beschrieben handlungsunfähig macht.

Das fünfte „F“ bezeichnet man im Englischen als **Fiddle about**, was man am besten mit „Rumalbern“ oder „Rumhampeln“ übersetzen kann. Die Hunde versuchen, für sich unangenehme, bedrohliche Situationen spielerisch mit dem Gegenüber zu lösen. Dieses Verhalten ist sehr zielgerichtet und berechnend, es findet direkte Kommunikation statt und der bedrohte Hund reagiert sehr fein und schnell auf die Antwort des anderen.

Oft wird von fünf oder sechs „F“ gesprochen. Der Vollständigkeit halber wollen wir an dieser Stelle daher auch diese beschreiben. Sie werden allerdings NICHT in der echten Angst gezeigt, sondern sind für Hunde (und auch Menschen) Konfliktlöseverhalten mit meist demütiger Körperhaltung.

Das aktuell vermehrt thematisierte sechste „F“, **Frightend = Schreck**, bezeichnet ein kurzes Erstarren, z. B. durch Erschrecken oder eine aktuell unangenehme Konfrontation.

Auf welche der Optionen ein Hund zurückgreift, hängt von seinem Temperament und der jeweiligen Situation ab.

Demutsverhalten

Ein arttypisches Verhalten, das sehr überlegt und zielführend bei sozial lebenden Tierarten eingesetzt wird, um zu beschwichtigen und um Konflikte unblutig zu lösen, ist das Demutsverhalten. Beim Demutsverhalten ist die Körperhaltung ebenfalls klein, rund, man zeigt sich schwach.

In der **aktiven Demut**, wie sie im Flirt gezeigt wird, wird mit Maulwinkelschlecken, was aus dem juvenilen Verhalten kommt, das Gegenüber beschwichtigt. Man beabsichtigt hier eine Distanzverringerung. Dabei schleckt der Hund seinem Gegenüber, den er „anflirtet" die Lefzen, macht sich dabei klein, mit runder Körperhaltung, angelegten Ohren, blinzelnd.

Die **passive Demut** beabsichtigt eine Distanzvergrößerung. Der Hund legt sich meist auf die Seite und wendet den Blick ab, es wird aber auch im Stehen mit rundem Rücken oder besser Kauern (Inguinal Response) gezeigt. Man versucht, durch Stillhalten den Gegner nicht weiter zu reizen, und bietet ihm Anogenital-Kontrolle an, das heißt, er lässt Anus und Geschlechtsteile von seinem Gegenüber intensiv beschnuppern oder schleicht vorsichtig, den Aggressor beobachtend, weg, bis dieser ablässt.

Nun wird bei Beschwichtigungsverhalten, bei den sogenannten Calming Signals, wenn sich Hunde die Lippen lecken (Licking intention), ihre Ohren anlegen, gähnen, in manchen Hundetrainer-Ausbildungstheorien z. B. empfohlen, sofort Rücksicht zu nehmen und möglicherweise ebenfalls zu beschwichtigen, um den Hund zu besänftigen.

Mit dem Wissen, dass der Hund dabei aber keine Angst hat, sondern dieses Verhalten einsetzt, um ein Ziel zu erreichen, eben Distanzverringerung oder -vergrößerung, und dieses Ziel meinem Vorhaben widerspricht, so ist es oft empfehlenswert, ein zumutbares Verhalten des Hundes durchzusetzen, um nicht in die Gefahr zu kommen, dass der Hund zukünftig öfter diese Form von Demutsverhalten zeigt, um für ihn nicht gewünschte Forderungen zu umgehen und zu vermeiden. Oft wird das Demutsverhalten des Hundes als Stress bezeichnet und daher die falschen Schlussfolgerungen gezogen. Denn auch Stress wird als Reaktion oft falsch bewertet, mit negativen Folgen für den Lernprozess des Hundes.

Stress

Stress ist ein Wort, das oft im Hundetraining verwendet wird. Unter Stress versteht man eine physische und psychische Reaktion des Hundes auf einen als belastend empfundenen äußeren Reiz (Stressor) und deren Auswirkung auf den Organismus. Die Stressreaktion befähigt zur Bewältigung besonderer Anforderungen.

Stress dient in erster Linie der Anpassung an veränderte Lebensbedingungen und gehört zum Leben von Menschen und Tieren dazu.

Ist Stress bewältigbar, spricht man von Eustress. Das wäre z. B. ein Hund, der als Welpe das erste Mal in eine Hundeschule geht und aufgrund der für ihn neuen Situation Stress empfindet. Kommt er mit dem Stress klar, findet sich langsam zurecht und kann im Verlauf der Stunde feststellen, dass die Hundeschule nicht so schlimm ist, wird er gestärkt aus der Situation gehen. Die nächste Stunde wird für ihn weniger oder sogar gar keinen Stress mehr bedeuten.

Ist Stress dagegen nicht bewältigbar, spricht man von Disstress. Das wäre ein Hund, der sich aufgrund der Situation zurückzieht, sich versteckt und vielleicht sogar Angst bekommt. Dauert dieser Zustand an, kann es zur Überforderung, andauerndem Stress und tatsächlichen Krankheiten kommen.

Ob eine Situation für einen Hund bewältigbar ist und er damit Eustress erfährt oder ob er in Disstress gerät, hängt von vielen Faktoren ab, auf die wir noch eingehen werden.

Im besten Fall entwickelt der junge Hund schon Stressverhaltensmuster, die ihm helfen, mit stressenden Situationen umzugehen. Diese Verhaltensmuster nennt man Coping-Strategien. Mit jeder stressigen Situation, die der Hund durchmacht und bewältigt, erfährt er Selbstwirksamkeit und wird stressresistenter. Diese Stressresistenz ist auch unter dem Begriff „Resilienz" zu finden.

Wie der Hund bei Stress reagieren wird, hängt, wie schon beschrieben, mit seinen Erfahrungen und mit seiner Persönlichkeit zusammen. Meist finden wir die Reaktionen eines Hundes bei Stress im agonistischen Bereich.

Agonistik

Als Agonistik bezeichnet man Verhaltensweisen, die dem Schutz und der Verteidigung dienen, die Übergänge sind fließend!

Aggression dient immer zuerst der Regulation von sozialen Strukturen und der Vermeidung von ernsthaften Konflikten. Ein Hund, der aktive Demut zeigt, kommuniziert mit seinem Gegenüber und befindet sich somit in der sozialen Kommunikation. Ein Hund, der kämpft und sich versucht zu behaupten, befindet sich auch in einer sozialen Kommunikation und nicht in Angst. Ein Hund, der an der Leine pöbelt, befindet sich in einer sozialen Kommunikation und nicht in Angst. Es kann sein, dass er zunächst unsicher war und gelernt hat, mit dem Pöbeln Hunde oder Menschen auf Abstand zu halten. Es gibt viele verschiedene Gründe, warum Hunde pöbeln. Sinnvoll ist es dabei, sich die Körpersprache der Hunde anzuschauen, denn oft wird sogar offensive Aggression mit Angst verwechselt. Bei der offensiven Aggression ist in der Regel der Ausdruck und der Zweck des Aggressionsverhaltens ein vollkommen anderer als bei der Angst.

Wie gesagt: Die Übergänge sind fließend. Es gilt daher, sich ganz genau anzuschauen, in welchem Zustand sich ein Hund befindet, um angepasst reagieren oder agieren zu können. Befindet sich ein Hund in einem Angstzustand, wird er weder fressen noch kommunizieren.

Kanäle der Kommunikation

Hunde nutzen als soziale Wesen viele Kanäle für die Kommunikation. Sie kommunizieren taktil über Berührungen, akustisch über Laute, optisch über Gestik, Mimik und Bewegung im Raum und olfaktorisch über Gerüche. Wir können nur die ersten drei beurteilen, weil unsere Nase bei Weitem nicht das wahrnehmen kann, was Hunde riechen. Um Hundeverhalten richtig verstehen und einordnen zu können, schaut man sich den gesamten Ausdruck des Hundes an und deutet Laute und Bewegungen.

Von Bewegungen, Gestik und Mimik war bereits die Rede (siehe S. 38). Was die Laute angeht, schreit ein Hund, wenn er Angst hat. Es gibt aber viele andere Lautäußerungen, die in diesem Zusammenhang gezeigt werden. Hunde können auch knurren oder winseln.

Manche Hunde schreien aufgrund eines erlernten Verhaltens: „*Schreien ist als ein generell sehr vielfältiger Erregungslaut bei Angst, Freude, Erwartung und Protest zu umschreiben. Nach erfolgreicher Konditionierung (des Menschen) zur Zielerreichung (des Hundes) (der Hund schreit, wenn er die Bürste sieht und nicht gebürstet werden will, und der Mensch bürstet nicht, weil der Hund schreit) wird Schreien, Kreischen oder Schreikreischen ebenfalls eingesetzt*“ (Feddersen-Petersen, 2013). Hier muss also gut unterschieden werden.

Gehirn und Hormone

Gefühle wie Angst, Freude, Wut, Hass, Liebe und Zugehörigkeit entstehen im Gehirn, und zwar durch die emotionale Bewertung von äußeren Reizen und Situationen.

Um unsere Hunde wirklich verstehen zu können, ist es wichtig zu wissen, wie Angst entsteht. Was passiert im Körper unserer Hunde und warum sehen wir so viele verschiedene Ausdrücke und körperliche Reaktionen? Erst wenn wir das verstanden haben, können wir uns ernsthaft damit auseinandersetzen, wie wir Angsthunden helfen können.

Angst ist eine emotionale Reaktion auf eine reale oder empfundene Gefahr. Die Gründe, weswegen etwas als Gefahr wahrgenommen wird und Angst entstehen kann, sind vielfältig. Angst kann erlernt oder die Folge eines Traumas sein, durch fehlende Erfahrungen entstehen und vieles mehr.

Entstehung von Angst

Befindet sich der Hund also in einer potenziellen Gefahrensituation, nimmt er zunächst über die Sinnesorgane den Reiz, den wir hier Angstauslöser* nennen, wahr. Ein Angstauslöser kann eine Situation, ein Lebewesen oder auch ein Gegenstand sein. Die genau gleiche Situation kann von dem einen Hund als Stress oder gar als Angstauslöser und vom anderen als unwichtig wahrgenommen werden.

---

*Das Wort Angstauslöser wird umgangssprachlich gebraucht, kann aber je nach Definition falsch sein. Denn bei vielen Definitionen der „Angst" gibt es keinen konkreten Auslöser. Wenn ein konkreter Auslöser vorliegt, spricht man von Furcht.

Weg 1: Über die Amygdala

Die Information/der Reiz wird von den Sinnesorganen (Augen, Ohren und Tastorgane) an das Gehirn weitergegeben. Da die Verarbeitungskapazitäten des Gehirns nicht für eine Verarbeitung sämtlicher wahrgenommener Umweltreize ausreichen, findet eine Art der Filterung statt. Der Ort dieses Filterprozesses ist eine Struktur, die im Zwischenhirn liegt und Thalamus genannt wird. Im Thalamus erfolgt dann die entscheidende Verarbeitung, ob und wie Informationen weitergeleitet und bewusst verarbeitet werden sollen. Daher trägt der Thalamus auch die Bezeichnung als das „Tor zum Bewusstsein". Erfolgt vom Organismus eine Einstufung des Reizes als potenzielle Bedrohung, leitet der Thalamus die Informationen direkt an den Mandelkern, die Amygdala, weiter. Diese Struktur im Hirn ist von wesentlicher Bedeutung für die Verarbeitung von Angst. Die Amygdala spielt eine entscheidende Rolle bei der emotionalen Bewertung und Speicherung ängstigender Situationen. Sie initiiert zudem schnell eine körperliche Reaktion. Der zentrale Kern der Amygdala ist in der Lage, bei akut bedrohlichen Situationen, unabhängig von anderen Gehirnbereichen, körperliche Reaktionen auszulösen, die ein schnelles Handeln ermöglichen. Darüber hinaus ist die Amygdala in der Lage, Erinnerungen an bedrohliche Situationen zu speichern, was eine noch schnellere Reaktion ermöglicht. Dieser Mechanismus ist evolutionär äußerst sinnvoll, um eine sofortige Schutz- und Fluchtreaktion zur Überlebenssicherung in Gang zu setzen. Allerdings zeigen sich in Bezug auf den Hund besonders um den Jahreswechsel die negativen Folgen dieser schnellen, quasi kopflosen Reaktionen. Hunde, die in Panik vor Silvesterknallern flüchten, flüchten teilweise ohne Rücksicht auf ihre Orientierung und die Umwelt. Sie finden nicht zurück, verletzen sich und erkennen ihre Halter zeitweise nicht mehr. Besonders häufig tritt dieser schnelle, nahezu unbewusste Verarbeitungs- und Reaktionsweg bei Schreckreizen auf.

Weg 2: Über die Großhirnrinde

Ein zweiter Weg verläuft über die sinnesverarbeitenden Regionen der Großhirnrinde. Dort werden die wahrgenommenen Reize detaillierter und genauer verarbeitet. Außerdem findet eine Integration mit bewussteren Gedächtnisinhalten statt. Dieser Verarbeitungsweg sorgt zusätzlich für das tatsächliche Empfinden der Angst. Durch die genauere Verarbeitung erfolgt eine sorgfältigere Bewertung des Reizes und eine kontrolliertere Reaktion auf diesen.

Nimmt der Hund einen ungewöhnlichen optischen Reiz wahr, beispielsweise einen Heißluftballon am Himmel, reagiert er potenziell mit einem kurzen Zusammenzucken. Der schnelle Verarbeitungsweg über die Amygdala hat in diesem Fall den Körper für eine Fluchtreaktion mobilisiert, der Muskeltonus ist erhöht und das Herz schlägt beschleunigt. Kurze Zeit später erfolgt der zweite Verarbeitungsweg und eine genauere Einordnung des optischen Reizes. Im Gedächtnis hat der Hund durch vorherige Lernerfahrungen abgespeichert, dass diese Form des Umweltstimulus keine Bedrohung für ihn darstellt. Durch diese Einstufung setzt der Hund seinen Spaziergang ohne weiteres Fluchtverhalten fort.

Beide Wege der Verarbeitung von Umweltreizen, also sowohl der über die Großhirnrinde, als auch der über die Amygdala, sind überlebenswichtig. Die Verarbeitungswege sind zwar biologisch angelegt, doch welcher zu bestimmten Zeitpunkten dominiert, wird durch Lernerfahrungen beeinflusst. Es braucht viele verschiedene Erfahrungen, damit der Körper kräftesparend Situationen oder Gefahren richtig einschätzt und entsprechend reagiert.

> *„Mache deinem Welpen jeden Tag ein Problem und helfe ihm nicht, es zu lösen, und du bekommst einen guten, stabilen, aber auch schlauen und resilienten Hund.“*
>
> ERIK ZIMEN

Vermeidet man sämtlichen Kontakt des Hundes mit Reizen, die potenziell bedrohlich sein könnten, kann das zu einer verringerten Widerstandsfähigkeit und Umweltsicherheit führen. Man spricht hier auch über Helikopter-„Eltern“, also Menschen, die ihrem Kind – oder dem Hund – alle Probleme aus dem Weg räumen und es keine eigenen, wenngleich auch negativen Erfahrungen machen lassen. Sie nehmen den Kindern bzw. Hunden leider aber auch die Chance, kontrolliert und gut beschützt zu lernen, mit kritischen Situationen besser umzugehen, schneller und angemessen Gefahren einzuschätzen und zu beurteilen und die eigene Reaktion zu verbessern. In einer Studie zeigten die untersuchten Hunde umso mehr Angstverhalten, je überbehütender die Halter mit ihren Hunden umgingen (Pereira et al., 2021).

Körperliche Prozesse während des Angstempfindens

Emotionen entstehen in der Amygdala. In Versuchen wurde die Amygdala von verschiedenen Tieren und auch Menschen mechanisch aktiviert. Das führte regulär zu einer emotionalen Reaktion wie Angst/Furcht oder Wut. Die Amygdala ist Teil des limbischen Systems im Gehirn und gilt als das Angstzentrum.

Was passiert im Gehirn bei einer Gefahr?

Nimmt der Hund einen bedrohlichen Schlüsselreiz wahr, leitet der Thalamus diese Informationen an die Amygdala weiter. Die Amygdala aktiviert in Folge den Hypothalamus. Der Hypothalamus ist verantwortlich für die Initiierung von körperlichen Reaktionen, die eine schnelle Kampf- oder Fluchtreaktion ermöglichen. So sorgt er für die Ausschüttung von aktivierenden Hormonen und die Aktivierung des sympathischen Nervensystems. Das sympathische Nervensystem ist ein Geflecht aus Nervenfasern, das die für eine schnelle Flucht notwendigen körperlichen Strukturen aktiviert. Die Tätigkeit von Organen, die in einer Bedrohungssituation eine unwichtigere Rolle spielen, wird hingegen gehemmt. Die vom Hypothalamus angewiesene Ausschüttung der Hormone **Adrenalin** und **Noradrenalin** bewirken eine Ankurbelung des Stoffwechsels.

Die Herzfrequenz, die Atemfrequenz und der Blutdruck steigen, die Bronchien weiten sich und es werden schnelle Energiequellen bereitgestellt. Das Wachheitslevel steigt und damit ist der Körper perfekt auf eine Fight-or-Flight-Reaktion (Kampf oder Flucht) vorbereitet.

Der Gegenspieler des Sympathikus ist der Parasympathikus, er reguliert die Funktionen des Körpers im Ruhezustand. Dazu gehören z. B. Verdauung, Sexualverhalten und Schlaf. Die sympathischen und parasympathischen Anteile des Nervensystems bilden ein gesundes, funktionierendes System. Der Sympathikus aktiviert also leistungsfördernde Signale und der Parasympathikus erholende Signale. Bei dauerhalft erhöhtem Stresslevel kann es zum Ungleichgewicht zwischen den beiden Gegenspielern kommen. Nach jeder Sympathikus-Aktivierung sorgt bei einem gesunden Hund der Parasympathikus für Erholung und gibt damit auch die Möglichkeit der psychischen Verarbeitung des Erlebten. Ist der Hund aber so gestresst, dass der Sympathikus permanent aktiviert ist, kommt es zu vermindertem Appetit, Magen-Darm-Problemen, Unruhe und verstärkten emotionalen Reaktionen wie erhöhter Ängstlichkeit und leichter

Reizbarkeit. Da der Parasympathikus für alle Funktionen der Verdauung und der Nahrungsaufnahme zuständig ist, wird ein Hund unter starkem Stress und in der Angst kaum Futter annehmen.

„Forschung zum stresstypischen Verhalten bei verschiedenen Tierarten hat übereinstimmend gezeigt, dass sowohl reproduktives Verhalten (Sexualität) als auch die Nahrungsaufnahme unter Stress zurückgestellt wird. Aus diesem Grund ist es schwierig, Hunde zur Aufnahme von Futter zu bewegen, wenn sie Angst haben oder impulsiv-reaktiv (d. h. wütend) sind."

DR. DORIT URD FEDDERSEN-PETERSEN

Parallel wird der langsame Weg der Angstverarbeitung aktiv. Auf diesem Weg kommt es, anders als bei der schnellen Reaktion, auch zu einer Bewertung der Situation bzw. des Auslösers durch die Großhirnrinde und einem weiteren Hirnbereich, dem Hippocampus. Wenn der Reiz auch durch den zweiten Verarbeitungsweg als bedrohlich bewertet wird, kommt es zur Aktivierung eines weiteren zusätzlichen hormonellen Regelkreislaufs. Dieser resultiert in der Ausschüttung des Hormons **Cortisol**. Das Cortisol, auch als Stresshormon bezeichnet, sorgt für eine längere und verstärkte Bereitstellung von Energie aus den körperlichen Ressourcen. Das macht den Körper über einen begrenzten Zeitraum leistungsfähiger. Außerdem unterdrückt Cortisol das Immunsystem durch eine temporäre Mangelversorgung, um mehr Energiereserven für körperliche Leistung zu gewinnen. Jeder kennt das von Cortison-Präparaten. Cortison ist Cortisol sehr ähnlich und wird bei Krankheiten mit Überreaktionen des Immunsystems gegeben, z. B. bei Allergien oder Rheuma. Bei erhöhtem Cortisollevel im Blut kommt es zu einer Immunsuppression, und folglich erhöhter Anfälligkeit für Krankheiten.

Folgen von Dauerstress

Beide Formen der schnellen und langsameren Hormonausschüttung bereiten den Körper optimal auf eine notwendige Reaktion vor, um Bedrohungen oder belastende Situationen zu bewältigen. Problematisch wird es jedoch, wenn die Belastung dauerhaft anhält. Das kann bei einer permanenten Konfrontation mit Stressoren oder Angstauslösern ohne ausreichende Erholungsphasen der Fall sein. Besteht diese Problematik, funktionieren die Regelkreisläufe zur Unterbrechung der verstärkten Ausschüttung von Stresshormonen nicht mehr. Die Folge ist dann ein dauerhaft erhöhter Cortisolspiegel, der mit körperlichen Schädigungen einhergehen kann. Die Energieträger ATP (Adenosintriphosphat) und KP (Kreatinphosphat) werden aus Kohlenhydraten, Fetten und auch aus Eiweiß (z. B. aus dem Muskel) gewonnen. Eine dauerhaft erhöhte Energiebereitstellung durch erhöhte Cortisolwerte ist u.a. der Grund, weswegen gestresste Hunde meist zu dünn sind und wenig Muskulatur haben. Durch die dauerhafte Einschränkung des Immunsystems steigt die Anfälligkeit für Erkrankungen. Weitere hormonell bedingte Symptome bei Dauerstress sind Schlafstörungen, Appetitmangel und Lethargie. Auch im Gehirn bleibt die hohe Stressbelastung nicht folgenlos. Es kommt zu einem verstärkten Abbau von Hirnzellen in Regionen wie dem Hippocampus. Ein verringertes Lernpotenzial, ein schlechteres Gedächtnis und verstärkte Ängstlichkeit sind die Konsequenzen.

Wege aus dem Dauerstress

Aus den negativen Folgen einer dauerhaft erhöhten Belastung mit Stresshormonen können zwei Konsequenzen gezogen werden: **Es ist wichtig, Hunden mit Angstproblemen aktiv zu helfen und ihnen genug Erholung zu verschaffen.** Dauerhafte Aufregung und permanente Konfrontation mit Angstauslösern zollen sonst ihren Tribut.

Gewinnbringende Lernerfahrungen, in denen der Hund seine Ängste überwinden kann, führen zu einer besseren Einschätzung von Gefahrenlagen. Ohne diese Kompetenzen besteht das Risiko, dass der Hund eine große Anzahl von den auf ihn einwirkenden Umweltreizen als sehr bedrohlich wahrnimmt. Dadurch kommt es zu verstärkten Fehlalarmen des ersten Angstsystems und somit zu einem dauerhaft erhöhten Stresslevel. Sind durch Lernprozesse und der damit einhergehenden Gedächtnisbildung bessere Bewertungen der Umwelt möglich, kann der Stresskreislauf durchbrochen werden.

Serotonin – der Gegenspieler

Zu den aktivierenden Stoffen des Körpers wie Adrenalin und den Stresshormonen gibt es Gegenspieler. Diese hemmen den Organismus und haben somit eine dämpfende, beruhigende Wirkung. Dazu gehört das Serotonin, das im Körper sowohl als Hormon als auch als Botenstoff zur Nervenkommunikation auftritt. Ausreichend Bewegung und körperliche Auslastung führen zu höheren Serotoninspiegeln und in Folge zu einem Abbau von Stresshormonen. Hunde, die selten und wenig spazieren geführt werden, weisen höhere Stress- und Angstlevel auf (Hakanen et al., 2020). In einer Studie zeigte sich die körperliche Aktivität sogar als einer der bedeutsamsten Faktoren, die die Angst des Hundes beeinflussen. Tatsächlich gibt es auch Hinweise, dass gezielter Sport mit dem Hund zu einem verringerten Risiko für Verhaltensprobleme führen kann (Zilocchi et al., 2016).

Oxytocin – das Bindungshormon

Ein weiterer Weg der Stressbeeinflussung ist potenziell über das Hormon Oxytocin möglich. Es wird das Bindungshormon genannt, leitet die Geburt ein und spielt die wichtigste Rolle bei der Mutter-Kind-Bindung. Oxytocin wird bei Körperkontakt und beim Orgasmus gebildet. Auch Blickkontakt und kooperatives Verhalten führen bei vertrauten Lebewesen zur Oxytocin-Ausschüttung. Oxytocin wirkt beruhigend, es reguliert das Cortisol nach unten und aktiviert den Parasympathikus. Menschen, denen Oxytocin verbreicht wurde, berichten Folgendes:

- › Sie wurden ruhiger.
- › Sie empfinden gesteigertes Vertrauen.
- › Sie empfinden Liebe.
- › Es führt zu gesteigerter Fairness.
- › Sie fühlen sich kooperationsbereiter.
- › Es dämpft Ängste und Aggressionen.

Für das Training mit Angsthunden sind Erfahrungen und das Bindungshormon Oxytocin von Bedeutung. Habituationstraining und soziale, liebevolle Unterstützung sind die Trainingsmethoden, die auf diesem Wissen basieren und grundlegende Veränderungen für Angsthunde bewirken. Positive Erfahrung und Erlebnisse gemeinsam mit der Bezugsperson führen laut Studien auch beim Hund zu einem höheren Oxytocinspiegel und in Folge zu einer geringeren Belastung mit Stresshormonen (Petersson et al., 2017). Wie man dieses Training anwendet und wie es sich auf die Hunde auswirkt, behandeln die folgenden Kapitel.

Lernen, ein Leben lang

Unter Lernen versteht man den Prozess einer Verhaltensänderung, der auf Erfahrungen basiert. Hunde lernen ein Leben lang! Lernen findet eigentlich immer statt; wie viel und wie schnell Tiere lernen und was sie aus Situationen mitnehmen, hängt von dem jeweiligen Hund inmitten seiner jeweiligen Rahmenbedingungen ab.

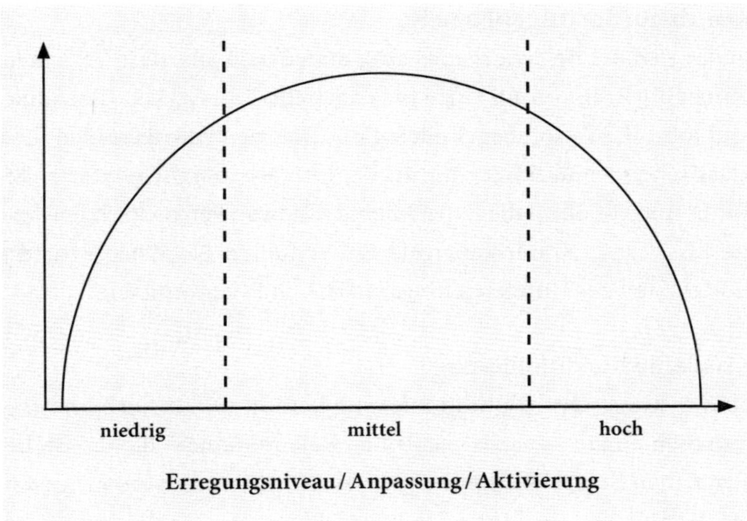

Das Yerkes-Dodson-Gesetz

Um Lernprozesse in Gang zu setzen, benötigt es neben sozialen Kontakten auch äußere Reize und Stimuli. Stress ist – entgegen der weitverbreiteten Meinung – sogar in gewissem Maß notwendig, um gut lernen zu können. Das zeigt auch das Yerkes-Dodson-Gesetz (Broadhurst, 1959). Die Lernfähigkeit ist nach dem Yerkes-Dodson-Gesetz (siehe Schaubild oben) bei mittlerer Erregung, resultierend aus einer leichten Stressbelastung, am besten, in niedriger oder zu hoher Erregungslage fällt die Aufnahme hingegen schwerer. Die Erregungslage wiederum hängt von der Schwierigkeit der Aufgabe ab. Sie ist gering bei einfachen Aufgaben und hoch für sehr schwierige Aufgaben. Die optimale Lernbereitschaft haben wir bei einer Erregungslage im mittleren Bereich. Das heißt, wir müssen unsere Hunde fordern, ohne sie zu unter- oder überfordern. Antrieb und Leistung hängen umgekehrt u-förmig voneinander ab (Hebb, 1955).

Konditionierungsprozesse

In der Zeit des Behaviorismus ging man davon aus, dass Verhalten immer die Reaktion auf einen Reiz darstellt. Edward Lee Thorndike und John B. Watson begründeten die Theorien zur operanten und klassischen Konditionierung zu Beginn des 20. Jahrhunderts. Bekannt sind vor allem die Experimente von Iwan Petrowitsch Pawlow zur klassischen Konditionierung von Verhalten. Noch heute basiert ein Großteil des Hundetrainings auf diesen Erkenntnissen.

Klassische Konditionierung

Bei der klassischen Konditionierung kommt es zur Verknüpfung zwischen einem zunächst neutralen Reiz mit einem biologisch bedeutsamen Reiz. Der bedeutsame Reiz führt zu einer unbewussten, unwillkürlichen Reaktion. Ein Beispiel hierfür wäre die vermehrte Speichelproduktion, die durch das Riechen von Futter ausgelöst wird. Schnelle Bewegungen in Richtung Auge als bedeutsamer Reiz sorgen dafür, dass dieses schnell durch den Lidschlussreflex geschlossen wird. Folgen einem neutralen, also bedeutungslosen Reiz solche, die eine körperliche oder mentale Reaktion auslösen, tritt eine Verknüpfung zwischen beiden ein. In einem Experiment von Pawlow wurde durch die Verknüpfung eines neutralen Glockentons mit Futter, das bei den Hunden einen verstärkten Speichelfluss auslöse, eine klassische Konditionierung hergestellt. Durch die Koppelung beider Reize löste später allein der Glockenton ohne Futter einen verstärkten Speichelfluss bei den Hunden aus. Damit es zu solch einer Verknüpfung kommt, müssen die zwei Reize in zeitlicher und räumlicher Nähe auftreten.

Diese klassische Konditionierung spielt eine wichtige Rolle in Bezug auf Ängste. Viele der Angstproblematiken beim Hund sind das Resultat ungünstiger Lernprozesse im Sinne der klassischen Konditionierung. Reize, die Unbehagen, Schreckreaktionen und

Schmerzen verursachen, stehen dabei im Zentrum. Gerät der Hund in einen Elektrozaun, führt dieser Reiz zu Schmerzen und Furcht. Die neutralen Umweltreize, wie z. B. wahrgenommene Schafe hinter dem Zaun, werden mit Schmerz und Unbehagen verknüpft. Als Ergebnis lösen die Schafe allein Angst aus. Ein weiteres Beispiel ist bei vielen Hunden die Tierarztpraxis. Die dort erfolgten unangenehmen Erfahrungen werden mit dem Ort der Praxis verknüpft. Oft löst bei so einer Verknüpfung bereits das Wartezimmer Angst aus. Durch klassische Konditionierung entsteht auch oft eine unerwünschte Ausweitung der angstauslösenden Reize. Dabei werden Reize, die einen angstauslösenden Reiz ankündigen, ebenfalls als Angstauslöser verknüpft. Hat ein Hund Angst vor dem Tisch beim Tierarzt, kann sich diese Angst auf das Wartezimmer, den Parkplatz vor der Praxis und den Anfahrtsweg zum Tierarzt ausweiten.

Operante Konditionierung

Sie ist der einfache Lernakt, bei dem der Hund aus der Konsequenz seines Verhaltens lernt. Ein einfaches Beispiel wäre ein Hund, der auf der Straße gelernt hat, dass es in der Nähe von Mülltonnen Futter gibt. In dem Fall würde der Hund sich Mülltonnen öfter nähern. Im Gegensatz dazu würde ein Hund, der einmal erschrak, als auf sein Anspringen hin eine Mülltonne umgefiel, daraufhin die Nähe von Mülltonnen oder auch nur das Anspringen dieser meiden. Die angenehme oder unangenehme Konsequenz entscheidet darüber, ob ein Verhalten häufiger oder weniger häufig gezeigt wird. Hierfür gibt es vier verschiedene Quadranten des Lernens.

Bei der **positiven Verstärkung** – wie schon beschrieben – hat ein Verhalten eine für den Hund angenehme Konsequenz, daraufhin wird er das Verhalten öfter zeigen. Bekommt er für das Sich-Setzen Futter, ein Spielzeug oder ein Lob seines Halters, wird er sich öfter setzen.

Bei der **positiven Strafe** hat ein Verhalten eine für den Hund unangenehme Konsequenz und er wird das Verhalten seltener zeigen. Springt der Hund an einer Mülltonne hoch, die daraufhin umfällt und er erschrickt, wird er dieses Verhalten in Zukunft wahrscheinlich unterlassen.

Die **negative Verstärkung** nimmt etwas Unangenehmes weg, sodass der Hund das Verhalten öfter zeigt. Das könnte z. B. der Zug an der Leine sein. Hierzu nutzt man die Leine als Kommunikationsmittel und lässt immer dann locker, wenn der Hund das gewünschte Verhalten zeigt – das könnte z. B. ein Rankommen zum Menschen sein oder auch ein einfacher Schritt des Hundes mit dem Menschen. Diese Lernform eignet sich besonders gut für Angsthunde und kann schnell zu Erfolgen führen.

Die **negative Strafe** würde etwas Angenehmes wegnehmen, damit der Hund das unerwünschte Verhalten seltener zeigt. Das könnte Futter, Aufmerksamkeit, Spielzeug sein oder was auch immer der Hund als angenehm empfindet. Diese Lernform kommt bei Angsthunden nicht so oft zum Einsatz.

Was Belohnung und was Strafe ist,
entscheidet immer der Hund!

Besonders bei Angsthunden wird häufig übersehen, dass das vielleicht nett gemeinte Streicheln oder angebotene Leckerli vom Hund nicht als angenehm empfunden wird und daher auch keine Belohnung darstellt. Vielen ist gar nicht bewusst, dass diese Form der Zuwendung als bedrohlich oder als Strafe empfunden werden kann.

Bei der Aufrechterhaltung von Ängsten ist die Lernform der negativen Verstärkung besonders relevant. Die Annäherung an einen Angstauslöser empfindet der Hund als unangenehm. Kann er sich durch Flucht, einen großen Bogen oder sonstiges Meideverhalten dem Auslöser entziehen, führt das zu einer großen Erleichterung. Das Flüchten vor und das Vermeiden des Angstauslösers werden dadurch stark verstärkt. Kann der Hund stets erfolgreich Meideverhalten zeigen, findet keine Konfrontation mit dem Auslöser statt. So besteht keine Chance für den Hund, Bewältigungsstrategien im Umgang mit seinen Ängsten zu erlernen.

Verstärker können auch Emotionen und Hormone sein (siehe S. 46 ff.), die Emotionen auslösen. Hormone wie Endorphine oder die Emotionen Freude oder Entspannung wirken verstärkend. Wobei Angst sich eher negativ auswirkt; löst ein Verhalten oder eine Situation Angst aus, wird der Hund diese eher meiden. Auch in Erwartung einer Emotion kann sich ein Verhalten verstärken oder reduzieren.

Soziales Lernen

Wie wir heute wissen, gibt es wesentlich mehr Lernformen als diejenigen, die zur Zeit des Behaviorismus untersucht wurden. Der Hund ist keine reine Reiz-Reaktions-Maschine, sondern lernt auf vielfältige Weise. Soziale Lernformen wie die Observation und das Nachahmungslernen spielen eine wichtige Rolle im Leben eines Hundes. So können Hunde lernen, mit für sie furchteinflößenden Situationen umzugehen. Sie beobachten und imitieren ihre Sozialpartner. Der Vorteil von sozialen Lernprozessen liegt darin, dass das Individuum die Lernerfahrung nicht selbst durchmachen muss.

Daraus lässt sich schon erkennen, dass es einen großen Unterschied machen kann, wo der Hund herkommt und welche Lernerfahrungen er bereits gemacht hat. Ein wohlbehüteter Welpe aus einem guten Züchterhaushalt wird sich völlig anders verhalten als der Tierschutzhund, der die ersten Lebenswochen draußen verbracht hat oder vielleicht nur ein Tierheim kennt.

In den ersten Wochen und Monaten eines Welpen finden viele Lernprozesse statt. Mit der Mutter und den Geschwistern lernt er spielerisch erste Regeln und Grenzen des Zusammenlebens. Er bewertet Situationen am Erfolg und Misserfolg seines Verhaltens. Wenn ein Welpe im spielerischen Gerangel zu fest zubeißt, wird der andere Welpe entsprechend reagieren; entweder er beendet das Spiel oder er beißt zurück. So lernt der Welpe, was angemessen und was zu fest ist. Welpen lernen durch Ausprobieren, sich in der Umwelt zurechtzufinden und dass man auch hinunterfallen kann. Sie lernen viele motorische Fähigkeiten und Fertigkeiten. Diese Erfahrungen und Lernprozesse sind wichtig für die Entwicklung des Hundes. In diesem Kontext schauen Hunde auch, wie sich ihre Artgenossen und Bezugspersonen verhalten. Gehen sie zögerlich oder mutig auf Reize der Umwelt zu? Was meiden sie oder was suchen sie eher auf?

Habituation

Habituation ist neben dem sozialen Lernen ein wichtiger Baustein für den (jungen) Hund. Unter Habituation versteht man die Gewöhnung an Reize der Umwelt, die keine Bedeutung haben. Hunde lernen ihre Umwelt kennen und einzuschätzen. Alltägliche Geräusche, Geräte und Abläufe werden durch ständige Wiederholung völlig normal und es erfolgt keine Reaktion mehr. Für die meisten unserer Hunde haben vorbeifahrende Autos z. B. keine Bedeutung, Welpen gewöhnen sich an vorbeifahrende Autos und beachten sie nicht mehr.

Für einen Straßenhund ist das vielleicht anders, er kann gelernt haben, dass ein fahrendes Auto eine Gefahr darstellt. Die Lernerfahrung, dass ein Auto gefährlich ist, kann ein Grund sein, dass manche Tierschutzhunde vor einem fahrenden Auto fliehen möchten. Reagiert der Hund auf alle Autos, auch stehende, mit einer Fluchttendenz, geht man eher davon aus, dass er keine Autos kennengelernt hat und so keine Habituation an den Reiz Auto stattgefunden hat. Fehlende oder ungenügende Habituation kann aber mithilfe von Habituationstraining nachgeholt werden. Die gute Nachricht: Habituation ist keine Frage des Alters. Sogar einem Seniorenhund kann durch ein entsprechendes Training bei Ängsten das Leben noch nachhaltig erleichtert werden.

Lernprozesse

Lernprozesse haben sich im Laufe der Stammesgeschichte entwickelt und an die Umwelt und Lebensweise der Tiere angepasst. Dennoch gibt es eine individuelle Basis für alle Lernprozesse, jeder Hund lernt in einem biologisch vorgegebenen Ausmaß. Es gibt obligatorische, lebensnotwendige Lernprozesse, wie der Nahrungserwerb und das Erkennen von Artgenossen und Feinden, sowie fakultative Lernprozesse, die nicht lebensnotwendig sind, aber das Verhaltensrepertoire erweitern.

Macht ein Hund immer die Erfahrung, dass der Spaziergang mit Stress und Angst behaftet ist, wird schon die Erwartungshaltung dazu führen, dass er nicht nach draußen möchte, und er wird in eine Meidehaltung und Flucht gehen. Macht er die Erfahrung, dass sein Fluchtverhalten erfolgreich ist und er unter dem Bett oder wohin auch immer er sich flüchtet, in Ruhe gelassen wird und entspannen kann, dann wird sich dieses Verhalten der Flucht und des Meidens verstärken. Am Ende hat man einen Hund, der nur noch unter dem Bett liegt.

Deprivation

Beim Fehlen von jeglichen Stimuli spricht man von Deprivation; hier gibt es drei Formen. Die **sensorische Deprivation** ist ein Mangel an Außenreizen. Das wäre bei Hunden der Fall, die in geschlossenen Räumen aufwachsen. Das kommt z. B. oft bei einer Animal-Hoarding-Haltung oder bei Hunden aus einer Vermehrerstation vor. Sie machen nicht die Erfahrung von Wind, Regen, Sonne, Gerüche oder verschiedenen Untergründen. Sie kennen weder die belebte noch die unbelebte Umwelt da draußen und reagieren meist sehr ängstlich auf alles Fremde.

Von **emotionaler oder psychischer Deprivation** spricht man bei Vernachlässigung, sprichwörtlich wären da die „Rabenmütter“ gemeint, die ihren Nachwuchs nur notdürftig versorgen. Die Kleinen lernen dabei nicht kennen, was Fürsorge, Wohlbefinden, Zuwendung und was Liebe ist. Lebenslange Bindungsprobleme können daraus resultieren. In ganz schlimmen Fällen, wenn die emotionalen Bedürfnisse gar nicht befriedigt werden können, kommt es zu mangelnder Hirnreifung, was einer lebenslangen Behinderung gleichkommt.

Von **sozialer Deprivation** spricht man bei sozialer Ausgrenzung. Genau genommen leben alle Hunde, die in Einzelhaltung im Zwinger aufwachsen, in einer Form der sozialen Ausgrenzung und erfahren damit Deprivation. Es ist wichtig für die Kleinen, im Spiel (Spaß), aber auch in Auseinandersetzungen (Ernst) mit Artgenossen und anderen Sozialpartnern unwichtige geringfügige Konflikte zu durchleben und so das Sozialverhalten zu üben, also gemeinsames Lachen und Weinen. Die Welpen durchleben in der Zeit von der 5. bis 15. Lebenswoche die sogenannte Sozialisierungsphase. In dieser Zeit entwickelt sich das Gehirn dahingehend, dass bei allen Begegnungen,

Berührungen, allen Wahrnehmungen der Sinnesorgane Verknüpfungen (Synapsen) im Hirn gebildet werden. Damit werden Weichen für die weitere Entwicklung gestellt. Wenn ein Hund in dieser sensiblen Phase komplett isoliert aufwächst, ohne soziale Kontakte und ohne Außenreize, bilden sich zu wenig Synapsen und es entsteht ein irreparabler Schaden.

Deprivationsschäden

Echte Deprivationsschäden gibt es äußerst selten. Bei den meisten deprivierten Hunden ist nur eine teilweise Deprivation vorhanden, einer der genannten Teilbereiche wurde unterversorgt. Der Organismus kann in einem solchen Fall jedoch, wenn auch verlangsamt, einiges an Defiziten wieder aufholen, und zwar lebenslang.

In jedem Fall aber bedarf es der Konfrontation mit Stimuli, um zu lernen, die richtigen Schlüsse zu ziehen. Erschrickt sich ein Welpe z. B., weil irgendwo etwas herunterfällt, läuft er im ersten Moment vielleicht weg. Er befindet sich im Interessenkonflikt. Entweder er entscheidet sich für die Flucht oder die Neugierde überwiegt. Wofür der Welpe sich entscheidet, hängt von der Persönlichkeit und Genetik ab, von Vorerfahrungen und von der Umwelt, in der er aufwächst. Im nächsten Moment kann er erkennen, dass nichts weiter passiert, er lernt eine solche Situation bzw. scheppernde Geräusche zukünftig richtig einzuordnen und als ungefährlich einzuschätzen. Ist der Welpe mutiger und stellt fest, dass das, was hinuntergefallen ist, sogar essbar ist, dann wird er zukünftig eher neugierig reagieren, in der Erwartung, vielleicht gibt es wieder etwas zu futtern. Hat er sich für die Flucht entschieden und diese auch als „erfolgreiche Strategie" empfunden, weil er der vermeidlichen Gefahr entgangen ist, dann ist die Wahrscheinlichkeit groß, dass er das nächste Mal wieder flüchten wird.

Selbst wenn er neugierig genug war nachzuschauen, woher das Geräusch kam, kann ein weiterer Schreckreiz ihn zukünftig doch eher in die Flucht treiben, als dass er nachschaut, ob etwas Fressbares für ihn abfällt. Solche Lernerfahrungen sind aber nicht in Stein gemeißelt. Hunde lernen in jeder neuen Situation und sind durchaus in der Lage, auch umzulernen. Erlernte Furcht- und Fluchtreaktionen lassen sich durch Gegenkonditionierung oder gute Lernerfahrungen umkehren. Der Zeitfaktor dabei ist individuell und hängt von der Persönlichkeit und der Menge an negativen Erfahrungen ab, die das Tier gemacht hat. Liegt bereits ein Trauma vor, ist auch der Therapieansatz vielfältiger und bedarf einer gründlichen Analyse.

Lernen ist eine riesige Chance für Hunde mit Problemen in allen Bereichen. Wir sind verantwortlich dafür, die Hunde in die Situationen zu bringen und mit den richtigen Dingen zu konfrontieren, sodass sie unter Anleitung und Kontrolle wichtige und für sie gute Lernerfahrungen machen können. Je mehr gute Lernerfahrungen Hunde sammeln, desto besser lernen sie mit Furcht und Stress umzugehen.

Krankheiten im Zusammenhang mit Angst

Das mentale Empfinden der Angst geht immer mit körperlichen Reaktionen einher. Daher kommt es zu einer wechselseitigen Beeinflussung von Angstverhalten und dem gesundheitlichen Zustand. Einige Erkrankungen führen dazu, dass sich bestehendes Angstverhalten verschlimmert oder es resistent gegenüber Therapieversuchen bleibt. Hier hilft die enge Zusammenarbeit mit der Tierarztpraxis des Vertrauens. In anderen Fällen entwickeln gewöhnlich mutige, stabile Hunde plötzlich durch eine Krankheit Phobien oder Geräuschängste. Gesundheitliche Folgen drohen, wenn ein Hund über lange Zeiträume allein mit seiner Angstproblematik gelassen und ihm nicht durch Management, Training oder anderweitig geholfen wird. Eine permanente Stressbelastung hat sogar das Potenzial, die Lebenserwartung des Hundes zu verkürzen. Die mannigfaltigen, durch Stress geförderten Krankheitsbilder verdeutlichen, warum es so wichtig ist, Hunden mit Angst aktiv zu helfen.

Angst ausgelöst durch Krankheiten

Verstärkte Angst kann auch die Folge von verschiedenen Krankheitsbildern sein. Daher ist der Besuch beim Tierarzt, um medizinische Ursachen der Angst auszuschließen, in vielen Fällen sinnvoll. Unerlässlich ist ein Tierarztbesuch, wenn die Ängste plötzlich auftauchen oder akut an Intensität zunehmen. Selbst wenn sich kein Krankheitsbild als ursächlich für ein Angstproblem identifizieren lässt, ist der Gesundheitszustand des Hundes relevant. Da Erkrankungen und Schmerzen die Lernfähigkeit reduzieren, behindern diese im unbehandelten Fall Fortschritte bei der Verhaltenstherapie.

Zu Schmerzen führende Krankheitsbilder

Ein großer medizinischer Faktor bei der Entstehung und Aufrechterhaltung von Ängsten stellen Schmerzen dar. Viele Hunde leiden gerade im fortgeschrittenden Alter an Arthrose. Diese entsteht durch Fehlbelastungen oder Fehlstellungen der Gelenke und ist durch eine schmerzhafte Zerstörung der Knorpel charakterisiert (Johnson et al., 1994). Besonders im Zusammenhang mit Geräuschängsten könnten Schmerzen eine relevante Ursache sein. Treten akut Schmerzen auf, besteht das Risiko von Fehlverknüpfungen (Fagundes et al., 2018). Dabei verknüpft der Hund den auftretenden Schmerz mit einem gleichzeitig wahrgenommenen Umweltreiz. Je intensiver dieser Reiz ist, desto höher die Wahrscheinlichkeit, dass er vom Hund wahrgenommen und beachtet wird. Auf ein sehr lautes Geräusch, wie eine knallende Tür, reagiert der Hund mit höherer Wahrscheinlichkeit als auf unterschwellige Alltagsgeräusche. Das entsprechende Geräusch entwickelt sich in Folge zu einem Auslöser von Angst, auch wenn die Schmerzen nicht mehr präsent sind. Vermutlich begründet dieser Mechanismus auch, warum Hunde mit Schmerzproblemen oft auf eine größere Geräuschpalette mit Furcht reagieren als Hunde ohne Schmerzen. Chronische Schmerzen resultieren zusätzlich zu einer erhöhten Empfindlichkeit gegenüber Geräuschen, was ebenfalls zur Ausprägung einer Geräuschangst beitragen kann (Lindley, 2021).

Hormonelle Erkrankungen

Die von der Schilddrüse gebildeten Hormone spielen eine große Rolle für das Verhalten. Eine unbehandelte Schilddrüsenunterfunktion wirkt sich daher negativ auf das Hundeverhalten aus. Neue wissenschaftliche Erkenntnisse zeigen, dass einige Hirnregionen und der Neurotransmitterhaushalt durch eine unbehandelte Schilddrüsenunterfunktion verändert sind und somit zu verstärkter Ängstlichkeit beitragen (Lass et al., 2008). Konkret für den Hund werden neben Lethargie und Aggressionsverhalten auch verstärktes Angstverhalten bei einer Schilddrüsenunterfunktion beschrieben. Bei vielen betroffenen Hunden tritt das Angstverhalten nahezu anfallsartig auf und ist nur schlecht kontrollierbar. Besonders häufig im Zusammenhang mit der Schilddrüsenunterfunktion bestehende Ängste sind die Geräusch- und Gewitterangst (Lauinger, 2022). Die Therapie erfolgt durch das Verabreichen der fehlenden Hormone. Ohne adäquate Behandlung zeigen sich die Ängste oft als therapieresistent bzw. schlecht trainierbar.

Neben der Schilddrüse ist auch die Nebenniere relevant für medizinisch bedingte Ängste. Im Fall der sogenannten Cushing-

Krankheit bildet diese übermäßig viel des Hormons Cortisol. Ohne medikamentöse Regulation kann der erhöhte Cortisolspiegel zu Angstproblematiken beitragen (Peterson und Kintzer, 2013).

Erkrankungen des Magen- und Darmtrakts

Das Verdauungssystem steht in Verbindung mit dem Gehirn, weswegen auch von einer „Darm-Hirn-Achse" gesprochen wird. Beide Organe beeinflussen sich wechselseitig. Störungen der Verdauungsfunktion wirken sich auch auf das Gehirn und somit Verhalten aus. Zu den ängstliches Verhalten fördernden Krankheiten gehören chronische Darmentzündungen, Magenschleimhautentzündungen und unbehandelte Futtermittelunverträglichkeiten (Cannas et al., 2021).

Verlust der Funktion von Sinnesorganen

Gerade die Senioren unter den Hunden sind oft mit einer zunehmend geringeren Leistung ihrer Sinnesorgane konfrontiert. Die nachlassende Hör- und Sehleistung hat mitunter dann negative Effekte auf das Verhalten. Besonders häufig sind Sehschwierigkeiten, die durch eine bei fast allen Hunden im Alter auftretenden Linsentrübung resultieren (Fischer, 1989). Unsicherheiten können daraus resultieren, dass es dem Hund zunehmend schwerfällt, optische Umweltreize erkennen und einordnen zu können. Verschleißerscheinungen der Sinneszellen im Ohr sorgen zwar für ein schlechteres Hören, gehen aber auch manchmal mit einer erhöhten Sensibilität gegenüber bestimmten Geräuschen und Vibrationen einher. Daher entwickeln einige Hunde im Seniorenalter eine starke Geräuschangst.

Neurologische Erkrankungen

Angst entsteht im Gehirn. Daher ist es wenig überraschend, dass bei zahlreichen Erkrankungen des Gehirns übermäßiges oder plötzlich auftretendes ängstliches Verhalten zu den Symptomen gehören.

Epilepsie: Unter den Erkrankungen des Nervensystems tritt beim Hund am häufigsten die idiopathische Epilepsie auf. Dabei erleidet der Hund in unterschiedlichem Ausmaß Krampfanfälle, die mit oder ohne Bewusstseinsverlust einhergehen können. Während eines Anfalls entgleist die elektrische Aktivität im Gehirn. Je nach Stärke des Anfalls kommt es dadurch zu zeitweisen oder auch permanent bestehend bleibenden Störungen der Hirnfunktion. Von Epilepsie betroffene Hunde haben ein erhöhtes Risiko für übersteigertes Angstverhalten.

Traumatische Kopfverletzungen: Sie stellen bei Hunden keine Besonderheit dar. Oft sind sie das Resultat von stumpfen Traumata im Bereich des Kopfs durch Kollisionen mit Hindernissen wie Bäumen oder Verkehrsunfälle. Die stabilen Schädelknochen bieten zwar einen starken Schutz, lassen im Fall von Blutungen und Schwellungen aber wenig Raum, wodurch es schnell zu einer Erhöhung des Hirndrucks nach einem Trauma kommt. Je nachdem, welcher Hirnbereich durch die Verletzung beschädigt ist, besteht ein erhöhtes Risiko für stark ängstliches Verhalten (Jaggy, 2010).

Demenz: Schätzungsweise 14 bis 22,5 Prozent der Hunde ab 8 Jahren weisen Anzeichen von Hundedemenz auf. Ursächlich für die Krankheit sind altersbedingte, degenerative Hirnveränderungen. Oft entwickeln sich die Symptome der Demenz schleichend und werden als normaler Alterungsprozess gewertet. Zu beobachten sind zunächst eine zunehmende Teilnahmslosigkeit und Veränderungen des Schlafrhythmus. Häufig sind die an Demenz erkrankten Hunde zunehmend ängstlich und entwickeln gegenüber Umweltreizen völlig neue Phobien. Eine frühzeitige Diagnose der Hundedemenz ist essenziell, um das Fortschreiten der Erkrankung und somit eine Verschlimmerung der Symptome zu bremsen (Chapagain et al., 2018).

Hirntumor: Gut- und bösartige Zubildungen im Hirn des Hundes wirken sich je nach Lokalisation deutlich auf das Verhalten des Hundes aus. Besonders Tumore im Vorderhirn gehen mit Verhaltensänderungen einher (Miller et al., 2019). Dazu gehören auch spontan auftretende Ängste oder plötzlich einsetzende Schreckhaftigkeit. Oft treten zusätzlich neurologische Symptome wie Krampfanfälle und Gangunsicherheiten auf.

Hepatische Enzephalopathie: Die Leber erfüllt auch beim Hund die wichtige Rolle der Entgiftung. Schädliche Stoffe wie Ammoniak, das beim Stoffwechsel als Abbauprodukt entsteht, filtert sie heraus. Im Fall einer Schädigung der Leber kommt es daher zu einem erhöhten Spiegel von Ammoniak im Blutkreislauf. So gelangt das Ammoniak schlussendlich zum Gehirn und zerstört dort Zellen und den Haushalt der Botenstoffe. Dieser Zustand, hepatische Enzephalopathie genannt, entsteht bei einer ganzen Reihe von Erkrankungen. Unter ihnen befinden sich die Fettleber, starkes Übergewicht, Lebershunt, die Leberfibrose oder leberschädigende Vergiftungen. Durch die fortschreitende Hirnschädigung treten neurologische Symptome wie Koordinationsstörungen, Verwirrung, Bewusstseinsveränderungen und plötzliche Aggressivität sowie Angst auf (Tivers et al., 2014).

Hypertensive Enzephalopathie: Krankheiten der Nieren, Hormonstörungen und insbesondere Herzerkrankungen haben in manchen Fällen einen erhöhten Blutdruck beim Hund zur Folge. Ohne Regulation des Blutdrucks kommt es zu Durchblutungsstörungen im Hirn, die nachhaltige Schäden im Hirngewebe hinterlassen. Die Symptome ähneln dabei denen der hepatischen Enzephalopathie.
Auch in diesem Fall sind also neben der potenziell gesteigerten Ängstlichkeit, auch Bewegungs- und Bewusstseinsstörungen beim Hnd zu beobachten.

Infektiöse Enzephalopathien: Gelangen Mikroorganismen wie Bakterien, Pilze, Viren oder Parasiten in den Körper, verursachen diese ja nach Art unterschiedliche Symptome. Manche haben dabei auch einen schädigenden Effekt auf das Gehirn und verändern das Verhalten des Hundes, was sich mitunter in verstärkter Ängstlichkeit manifestiert. Ansteckende virale Erkrankungen wie die Staupe und das canine Herpesvirus gehören dazu und sind durch Impfungen vermeidbar. Im Hinblick auf Bakterien sind besonders Bissverletzungen im Kopf- und Halsbereich kritisch. Aber selbst eine Blasenentzündung wirkt sich in schweren Fällen vereinzelt auf das Gehirn aus. Zu den sich potenziell auf das Nervensystem auswirkenden Parasiten gehört die von Flöhen, Zecken und Milben übertragene Rickettsiose oder die oft im Katzenkot vorhandenen Toxoplasmen (Platt und Olby, 2014).

Neurodegenerative Erkrankungen

Erkrankungen dieser Art sind gekennzeichnet durch einen fortschreitenden Verlust von Nervenzellen. Sie beeinflussen potenziell direkt das Hundeverhalten durch Hirnschädigungen oder indirekt durch Symptome, die zu einer gesteigerten Angst führen können. Die degenerative Myelopathie ist beispielsweise eine Krankheit des Rückenmarks, die in einer fortschreitenden Lähmung insbesondere der Hintergliedmaßen führt. Besonders häufig von ihr betroffen sind Schäferhunde, Boxer und Berner Sennenhunde. Die zunehmende Lähmung verursachen Schwierigkeiten bei der Koordination und Bewegung. Empfindliche Hunde irritiert und verunsichert dieser Zustand manchmal so stark, dass sie zunehmend Umweltängste entwickeln. Auch Stürze können in Fehlverknüpfung mit gleichzeitig wahrgenommenen Reizen resultieren, die sich in Folge zu Angstauslösern wandeln.

Fehlfunktionen des Immunsystems führen bei einigen Krankheiten durch eine Überreaktion zur Zerstörung von Hirngewebe. Betroffene Hunde zeigen Symptome von Orientierungslosigkeit, Koordinationsstörungen und Verhaltensänderungen, die manchmal auch in Angstproblemen resultieren. Hierunter fallen viele Erkrankungen mit einer genetischen Basis, für die teils sogar schon Gentests existieren. Besonders häufig sind diese Krankheitsformen bei Kleinhunden wie dem Mops, Shi Tzu und Chihuahua zu finden (Schrauwen et al., 2014).

Krankheiten ausgelöst durch Angst

Ist ein Hund sehr häufig und dauerhaft mit Angstauslösern konfrontiert, kann das langfristig in gesundheitlichen Problemen resultieren. Diese Tiere brauchen Hilfe!

Die durch Angstauslöser getriggerte körperliche Reaktion geht mit einer erhöhten Freisetzung des Hormons Cortisol einher. Kurzfristig ist dieser Mechanismus sinnvoll, denn das Cortisol führt zu einer erhöhten Handlungsbereitschaft. Es sorgt beispielsweise für die verstärkte Bereitstellung von Energie und mehr Konzentrationsvermögen. Andere Funktionen des Körpers, die in Gefahrensituation weniger relevant sind, werden vom Cortisol hingegen unterdrückt. Dazu gehören das Immunsystem und die Arbeit des Verdauungstrakts. Nachdem die stressende Situation vorbei ist, wird die verstärkte Ausschüttung von Cortisol durch hormonelle Regelkreisläufe wieder gestoppt. Im Fall von permanenter Konfrontation mit Stressoren wie Angstauslösern funktioniert die Regulation der Stresshormone jedoch nur noch eingeschränkt. Infolgedessen zirkuliert bei andauerndem Stress im Blut eine zu hohe Konzentration von Cortisol. Die dauerhaft erhöhte Cortisolkonzentration ist mit einer Reihe an gesundheitlichen Auswirkungen verbunden.

Auswirkungen auf den Magen- und Darmstrakt

Empfundene Angst hat das Potenzial, bestimmte Zellen zu aktivieren, die Entzündungsprozesse in Gang setzen. Auch in der Darmwand finden sich dann entsprechend entzündete Areale. Diese sorgen für Bauchschmerzen und Durchfall (Kovacs, 2007). Daneben gibt es noch zahlreiche weitere Symptome des Verdauungstrakts, die durch dauerhaften Stress bei Hunden mit Angstproblemen resultieren. Zu ihnen gehören ein verringerter Appetit, Magenschleimhautentzündungen, verstärkte Blähungen, Übelkeit und Erbrechen.

Hauterkrankungen

Eine dauerhaft hohe Cortisolausschüttung steht in Verbindung mit einer gestörten Barrierefunktion der Haut. Eine angegriffene Hautbarriere fördert auf verschiedene Arten das Entstehen von Allergien. Während eine intakte Hautbarriere einen Schutz vor dem Eindringen von allergenen Stoffen wie Hausstaubmilben und Pollen bietet, können diese bei einer beschädigten Hautbarriere in den Körper gelangen und in Folge eine allergische Reaktion auslösen. Auch Stoffe, die zunächst keine Allergie auslösen, können zu Allergenen werden. Bei einer durchlässigen Haut besteht die Gefahr, dass eingedrungene Stoffe das Immunsystem aktivieren und dieses dann allergenspezifische Antikörper bildet. Nach diesem Prozess besteht eine Allergie gegen den entsprechenden Stoff. Ein dritter allergiefördernder Prozess von gestörten Hautbarrieren sind Entzündungen. Im Falle einer gestörten Hautbarriere kommt es vermehrt zu entzündlichen Vorgängen in der Haut. Die Entzündungsprozesse aktivieren wiederum allergiefördernde Immunzellen. In einer Studie wiesen von verstärktem Angstverhalten betroffene Hunde deutlich häufiger Hauterkrankungen auf. Auch die Symptome waren bei ihnen stärker ausgeprägt (Dreschel, 2010). Bei einer weiteren Untersuchung brachte erst eine angepasste Verhaltenstherapie in Bezug auf die Angst einen Erfolg bei der Behandlung von wiederkehrenden Hautentzündungen (Nagata und Shibata, 2004).

Störungen des Immunsystems

Bleiben hohe Cortisolwerte über längere Zeiträume bestehen, hat dies in vielen Fällen negative Effekte auf das Immunsystem. Andauernde, chronische Belastungen führen zu einer trägeren Reaktion und geringeren Produktion von Zellen für die Immunabwehr. Der Hund wird in Folge anfälliger für Infektionskrankheiten. Der Körper verfügt über einen ausgeklügelten Mechanismus, der es vielen Zellen ermöglicht, sich zu vermehren. Durch den Prozess der Zellteilung entstehen quasi identische, frische und neue Kopien der ursprünglichen Zelle. Dieser Vorgang ist besonders relevant bei der Reparatur von Gewebe von Organen wie der Haut und der Funktion des Immunsystems. Die Telomere, schützende Bestandteile der Zellen, spielen eine wichtige Rolle beim reibungslosen Ablauf des Kopiervorgangs. Im Lauf der Zellteilungen werden die Telomere immer kürzer, wodurch der Schutz der Zelle schwächer wird. Nach mehreren Teilungszyklen erreicht die Zelle einen Punkt, an dem sie sich nicht mehr weiter vermehren kann und in einen Ruhezustand tritt. Je mehr Zellen sich in diesem Ruhestand befinden, desto stärker ist der Funktionsverlust lebenswichtiger Organe, und die körpereigene Reparaturfähigkeit verschlechtert sich. Die Verkürzung der Telomere wird durch permanente Stressbelastungen und dem damit einhergehenden erhöhten Cortisolspiegel beschleunigt. Die Konsequenz: schnelleres Altern, eine schlechtere Regenerationsfähigkeit des Körpers und eine erhöhte Anfälligkeit für Tumorerkrankungen.

KAPITEL 3

Faktor Mensch

Wenn ich als Mensch meinem Hund aus der Angst heraushelfen möchte, muss ich zuerst einmal auf mich selbst schauen. Wie stehe ich denn zu dem Thema Angst? Habe ich vielleicht selbst ein Problem damit und habe den Hund, weil ich ihn sehr gut verstehen kann? Kenne ich die Menschen und mag deshalb die Tiere? Habe ich ein eher schlechtes Menschenbild und gehe Menschen lieber auch aus dem Weg? Wollte ich einem Hund helfen, einen Hund retten?

All diese Fragen und auch die Antworten sind völlig legitim. Aber sie machen etwas mit uns in der Arbeit, sie nehmen Einfluss auf unser Tun, was wiederum den Hund beeinflussen wird. Ich bin nicht überzeugend, den Hund an Menschen zu gewöhnen, wenn ich Menschen eigentlich nicht mag. Er wird es spüren und sich an mir orientieren. Habe ich die Befürchtung, bei allem, was ich tue, wird es vielleicht noch schlimmer? Ich fühle mich hilflos, allein mit dem Hund und seiner Angst. Sie nimmt vielleicht sogar auch bei mir Raum ein. Dann werde ich zögern, ich bin nicht überzeugend genug; meine Zweifel spürt der Hund, und schon wird er bestätigt, lieber vorsichtig zu bleiben, denn er kann uns so nicht vertrauen.

Es ist völlig normal, in der eigenen Verzweiflung sogar wütend zu werden, auf sich, aber auch auf den Hund. Man hat sich tage-, wochen- oder monatelang so viel Mühe gegeben, und der Hund wird immer noch nicht besser. Oder er fällt sogar zurück in seinem ängstlichen Verhalten. Dabei habe ich alles probiert, und das kann frustrieren. Das passiert jedem von uns. Aber während ich in diesen negativen Emotionen festhänge, halte ich Abstand vom Hund, er wird sie spüren, möglicherweise die Wut auf sich und sein Verhalten beziehen und zurückfallen in seiner Entwicklung. Eventuelles Misstrauen wird sich verstärken, er fühlt sich bestätigt.

Dann kommt der Punkt, wo ich denke, wir sind schon so weit, wir führen ein ganz gutes Leben. Vieles geht noch nicht, andere Dinge schon. Wir sollten zufrieden sein und aufhören, ich akzeptiere einen Ist-Zustand, der noch lange nicht das Ende der Fahnenstange erreicht hat. Es gäbe noch so viel aufzuarbeiten, um dem Hund langfristig ein sorgenfreies Leben zu gewährleisten. Denn da ist immer noch ein wenig Mitleid mit dem Tier in manchen Situationen, und dann leidet man mit ihm. Ein Grund genug, manche Konflikte zu vermeiden. Doch damit nehme ich auch dem Hund die Chance, an diesen Konflikten zu wachsen und mutiger zu werden.

Keine Angst vor der Angst! Wir müssen der Angst begegnen und dabei mutig sein, wir brauchen die emotionale Kraft, den Hund in seiner Entwicklung zu unterstützen.

Wir sollten die eigenen Probleme benennen können, unsere eigenen Grenzen kennen, uns immer wieder die Zeit nehmen, uns selbst zu reflektieren. Die Arbeit mit Angsthunden ist ein Stück weit auch die Arbeit an uns selbst.

Wir arbeiten an unserer Frustrationstoleranz, an unserer Konfliktbereitschaft, wir lernen Geduld und Ruhe dabei. Wir zügeln unser eigenes Aggressionsverhalten. Denn dies alles ist notwendig, damit der Hund glücklich wird, weil er seine Angst verliert.

Emotionen im Umgang mit Hunden

Wir empfinden Freude und Liebe, wenn wir an unsere Hunde denken, sie beim Spielen beobachten oder auch einfach nur mit ihnen kuscheln. Diese „positiven" Emotionen sind heutzutage einer der Hauptgründe, warum sich Menschen Hunde anschaffen und mit ihnen leben. Als unsere Begleiter lösen Hunde Emotionen aus.

Hat ein Hund Angst, ist diese Freude meist getrübt, oft empfinden betroffene Menschen Verzweiflung, wenn der Hund trotz Training kaum Fortschritte macht. Sogar Wut auf den Hund ist eine sehr menschliche Emotion, die aus dem Gefühl der Ohnmacht, dem eigenen Hund nicht helfen zu können, entstehen kann. Das ist verständlich, aber nicht hilfreich und dem Hund gegenüber auch nicht gerechtfertigt.

Keine Angst vor der Angst

Emotionen übertragen sich in einer sozialen Gruppe. So kommt es vor, dass Menschen die Emotionen des Hundes übernehmen und die Angst dann auch selbst spüren. Oder Menschen bekommen Angst, allein durch die Erwartung einer Angstreaktion des Hundes. Diese

Angst vor der Angst ist ein häufiges Phänomen, das einen Kreislauf zur Folge hat, bei dem sich Mensch und Hund immer wieder gegenseitig bestätigen, und es somit schwierig bis unmöglich ist, den Kreislauf der Angst zu durchbrechen. Jede Angstemotion wird bewertet, und das Gefühl der Angst in Verbindung mit dem, was die Angst ausgelöst hat, wird im Gehirn abgespeichert. Bei der nächsten ähnlichen Situation „erinnert" sich das Gehirn an das Gefühl und allein das führt wiederum zu der gleichen emotionalen Reaktion.

Mitgefühl – kein Mitleid

Mitgefühl und Mitleid sind zwei verschiedene Emotionen. Mitgefühl gehört zum Umgang mit Angsthunden, und das auch durchaus emotional. Man darf empathisch und mitfühlend sein und sollte das auch. Mitgefühl ist menschlich und hilft uns zu spüren, was der Hund braucht. Etwas ganz anderes ist Mitleid. Das ist kontraproduktiv. Mitleid – und das sagt das Wort schon – beinhaltet Leid, und das braucht der Hund nicht mehr. Leid beinhaltet Elend und Schmerz, und ein Ertragen und sich Abfinden mit der Situation. Mitleid macht passiv und arbeitet nicht an einer Veränderung der Situation. Aber genau das brauchen Angsthunde im Menschen: jemanden, der daran glaubt, dass sie die Angst überwinden können; sie brauchen Veränderung, damit sich das Leid abwendet.

Mentale Fähigkeiten entwickeln

Emotionen zu steuern, muss man lernen und auch das ist ein Prozess. Mentales Training und Entspannungs-, Konzentrationstechniken und auch Sport können die Arbeit und den Umgang mit den Hunden positiv beeinflussen. Als Menschen sollte man sich der eigenen Emotionen im Klaren sein. Sich abgrenzen, um dem Hund helfen zu können, und gleichzeitig empathisch und mitfühlend handeln. Es ist nicht ganz einfach und bedarf viel Selbstreflexion und Übung. Und dann gibt es die Tage, an denen das nicht möglich ist und man genau das nicht leisten kann. Wir sind keine Maschinen, die immer korrekt funktionieren. Auch wir haben schlechte Tag und an diesen Tagen darf man sich erlauben, nur das Nötigste zu tun und den Hund mal Hund sein lassen. Man kann nichts erzwingen, es ist ein Prozess, einem Hund die Angst zu nehmen. Es sind Individuen mit ihren Stärken und Schwächen beteiligt, und es geht immer nur so schnell, wie beide in der Lage sind zu gehen.

Geht man mit einem Hund in eine für ihn schwierige Situation, sollte man auch davon überzeugt sein, dass der Hund es schaffen kann. Man muss sich sicher sein, dass es in Ordnung ist, entsprechend entspannt und locker in die Situation zu gehen und den Hund mit dieser Überzeugung mitnehmen. Jedes Zögern oder Unsicherheiten seitens des Menschen wird den Hund verunsichern. Eine gute Erwartungshaltung kann man trainieren, man kann sich Sicherheit durch die Mithilfe eines Trainers holen. Wissen um die eigenen Fähigkeiten führt zu einer besseren Erwartungshaltung. Ist man als Mensch davon überzeugt, dass die Situation machbar ist und dass man sie meistern wird, dann wird es mit ziemlicher Sicherheit auch gelingen. In Erwartung einer Angstreaktion des Hundes auf irgendetwas, passiert es aber leider oft, dass die Halter schon vorher angespannt sind. Geht man dagegen vorher schon davon aus, dass man es nicht schafft, sollte man es lieber lassen und erst einmal eine einfachere Situation aufsuchen.

Hat ein Hund Angst vor fremden Menschen, könnte man das Haus verlassen und sich schon vorher schlecht fühlen, weil bestimmt gleich ein Mensch auftaucht und der Hund Angst bekommt. Schon bei der Vorstellung hat der Mensch Emotionen, diese können sein: Wut auf diesen Menschen, der dem Hund immer so viel Angst einflößt. Oder Wut auf den eigenen Hund, der immer noch nicht verstanden hat, dass der Mensch harmlos ist. Oder auch Angst vor der Reaktion des Hundes, Angst vor der eigenen Hilflosigkeit, an der Situation etwas zu ändern und so weiter. All das führt dazu, dass man ungern das Haus verlässt, dass schon bei der Vorstellung daran, das Haus zu verlassen, negative Emotionen hochkommen, und genau das spürt der Hund.

Geht man mit einer anderen Erwartungshaltung in die Situation und ändert die eigene Einstellung, könnte man die Situation als gute Möglichkeit sehen, dass der Hund etwas lernt, nämlich dass der gefürchtete Mensch harmlos ist. Oder dass man üben kann, dem Hund Sicherheit zu vermitteln, oder dass es nicht so schlimm ist, wenn der Hund mal kurz ängstlich reagiert, denn er kann sich ja wieder beruhigen und feststellen, dass nichts Schlimmes passiert ist. Man stellt sich also vor dem Verlassen des Hauses genau die Situation vor und bewertet sie positiv; damit kann man die Emotionen beim Verlassen des Hauses ändern, und das hilft dem Hund meist schon sehr.

Leitsätze verändern

Leitsätze sind Lebensmottos, Grundwerte, Slogans, zentrale Gedanken, nach denen man sein Leben führt. Leitsätze werden uns oft von den Eltern oder der Gesellschaft mitgegeben und viele übertragen wir auf unsere Hunde. Weiß man um die eigenen Grundwerte, die einen vielleicht in der Arbeit mit den Hunden einschränken oder negativ beeinflussen? Solche Sätze können lauten: *„Du bist nur etwas wert, wenn du erfolgreich bist"*, *„Du musst erfolgreich sein"*, *„Du musst alles schaffen"*, *„Nur schöne, reiche, lebensfrohe Menschen (Hunde) haben ein gutes Leben"*, *„Man muss immer Rücksicht nehmen"* usw.

Man könnte diese Sätze auf ein Blatt Papier schreiben, es zerknüllen und wegwerfen. Dann schreibt man einen anderen Satz für sich und seinen Hund auf und heftet ihn an den Kühlschrank. Gute Leitsätze könnten sein: *„Mein Hund ist der tollste“*, *„Ich bin wertvoll“*, *„Mein Hund und ich, wir sind ein gutes Team“*, usw.

Werden Erwartungen nicht erfüllt, obwohl man gefühlt alles für diesen Hund tut, macht es manchmal Sinn, sich wieder einmal um sich selbst zu kümmern. Man kann einem Hund mit Angst am besten helfen, wenn man selbst psychisch stabil und ausgeglichen ist. Oft machen Menschen, die anderen helfen möchten, den Fehler, sich selbst zu vergessen. Die Freude im Zusammenleben mit Hunden sollte überwiegen, und bei diesen speziellen Hunden ist jeder kleine Schritt in die richtige Richtung ein Erfolg. Diese Erfolge darf man feiern, und wer möchte, legt sich ein Hundetagebuch zu und vermerkt dort die kleinen Fortschritte.

Leben mit Angsthunden

Menschen, die sich für einen Hund aus dem Tierschutz entscheiden, tun dies oft, um einem Tier zu helfen. Dahinter steht meist der „Rettungsgedanke“. Es wird selten genau hinterfragt, wo der Hund wirklich herkommt, was er erlebt hat, wo er zum Schluss lebte und ob er wirklich gerettet werden musste. Die Zauberworte „Rettung“ oder „Tötung“ reichen, um sich für diesen Hund zu entscheiden.

Dies machen sich Hundeverkäufer/Tierschützer gern zunutze, indem sie die Beschreibung des Hundes entsprechend formulieren. Die Tiere müssen „arm“ sein, „misshandelt“, zumindest aber „vernachlässigt“, „ausgehungert“ und sie kommen aus der „Tötung“. Insider wissen, dass Hunde so gut wie nie direkt aus der Tötung in eine Familie vermittelt werden können. Es gibt gesetzliche Vorgaben, die es einzuhalten gilt. Die Hunde müssen untersucht und geimpft sein. Oft sind in den Herkunftsländern sogar Kastrationen vorgeschrieben, bevor der Hund den Shelter verlassen darf. Man kann also davon ausgehen, dass der Hund zumindest mal in Sicherheit war, bevor er abgegeben wurde. Es gibt schlechte Haltungen und üble Behandlungen von Hunden. Dies gilt weltweit und kommt leider auch bei uns vor. Und natürlich ist es richtig, diesen Hunden zu helfen! Hunde, die zur Vermittlung stehen, sind bereits gerettet. Nun haben sie ein Recht auf ein neues schönes Leben. Aber sie haben auch das Recht auf einen Neustart.

Nimmt man einen solchen Hund mit Bedauern auf, macht man ihn zugleich zum Opfer. Man kann sich nur als Retter fühlen, wenn man ein Opfer hat. Der Hund kann fast alles tun und es wird damit entschuldigt, dass er ja so „arm" war, ein geretteter Hund, ein Tierschutzhund, der also schlechte Erfahrungen gemacht hatte und sich deshalb so verhält. Doch der arme Hund kommt aus dieser Nummer oft sein Leben lang nicht mehr heraus. Mit viel zu viel Verständnis und viel zu wenig Erziehung erdulden die Menschen auffälliges Verhalten von Hunden, ohne zu hinterfragen, ob man nicht doch mehr einwirken könnte. Zeigt er sich nicht „dankbar", wird dies oft mit Deprivationsschaden entschuldigt. Beißt er, muss er weg, weil er nicht richtig „sozialisiert" wurde, weil er in dem Umfeld leide und weil man sich bessere Halter für das Tier wünschte. Ab ins Tierheim!

Hunde aus Vermehrerzuchten

Dazu muss man sich zunächst einmal die Umstände anschauen, unter denen die Hunde gelebt haben, bevor sie zu uns kommen. Wenn es sich um deutsche „Angst"-Hunde handelt, so sind dies oft Hunde von Vermehrern. Sie wurden in irgendwelchen Schuppen oder Kellern geboren, hatten ihre Mutter und Geschwister. Menschen haben sie als Futtergeber und beim Saubermachen kennengelernt. Das ist tatsächlich sehr wenig für eine gute Sozialisierung. Meist haben diese Hunde das Glück, sehr jung verkauft zu werden, in einer Zeit also, in der sie noch mitten in der Sozialisationsphase sind. Es ist noch nicht alles verloren, sie können in ihrer Familie das meiste noch aufholen. Und doch wird Unerzogenheit, schlechtes Benehmen oder Verhaltensauffälligkeiten mit schlechter Kindheit entschuldigt. Schlechter sind die Hunde dran, die über die letzten Generationen Eltern hatten, die unter diesen Umständen schlecht sozialisiert lebten und dies an ihre Kinder weitergeben. Epigenetik, auf die noch näher eingegangen wird, ist der Grund (siehe S. 91 ff.).

Dabei wäre es nur fair, den Hund erst einmal als Hund so anzunehmen und ihm zu zeigen, was wir uns unter dem Alltag mit Hund vorstellen. Hunde sind glücklicherweise Opportunisten und können daher Lebensweisen wie auch Lebenspartner viel leichter als wir wechseln. Sie leben im Hier und Jetzt und versuchen das Beste für sich herauszuholen. Fast alle.

Hunde aus dem Tierschutz

Habe ich nun einen Hund aus dem Tierschutz, so habe ich mich im besten Fall vorab über Herkunft und Welpenzeit informiert. Deutsche Hunde aus dem Tierschutz sind in den meisten Fällen Hunde, die behütet aufgewachsen sind, jedoch leider häufig wenig soziale Kompetenzen erfahren und erlernt haben. Sie kennen oft viele Tricks, können „Sitz“, „Platz“ und „Pfötchen“, doch verbindliche Regeln haben sie nicht kennengelernt.

Nun gibt es unter den Tierschutzhunden auch viele Rassehunde. Auch hier sind es besonders die Auslandshunde, die sich nicht frei verhalten können, sondern mit Zurückhaltung reagieren. Das kann wiederum viele Ursachen haben, Genetik spielt auch hier eine große Rolle. Wind- und Jagdhunde können sich Menschen gegenüber sehr sensibel oder ängstlich zeigen. In der rassetypischen Arbeit sind sie aber harte Hunde, man ist überrascht, welche zwei Herzen in einer solchen Hundebrust schlagen. Die Kombination aus Genetik, Herkunft und Erfahrung machen einen Hund letztendlich aus.

Wir wollen in diesem Buch vor allem von den Hunden sprechen, bei denen rein körpersprachlich eines der vielen Eigenschaften, mit denen wir ein solches Verhalten bei uns Menschen beschreiben, sehen: Misstrauen, Ängstlichkeit, Unsicherheit und vieles mehr. Wir haben nicht umsonst so viele Worte. All diese Verhaltensweisen werden pauschal gerne mit Angst bezeichnet. Und Angst ist bedauernswert. Es fühlt sich gut an, jemandem zu helfen, ihn zu trösten und zu verstehen. Und es macht handlungsunfähig. Jegliche Verantwortung für Fehlverhalten des Hundes oder fehlende Verhaltensveränderung kann damit abgegeben werden. Wir sollten unseren Hunden aber eine Chance geben, heraus aus der Opferrolle zu kommen und hin zu erklärbarem und verständlichem Verhalten.

Wichtig ist, die positiven Eigenschaften, die jedes Tier hat, hervorzuheben, diese zu unterstützen und zu fördern und sich daran zu erfreuen.

Erst dann ist es möglich, den Hund zu verstehen und Maßnahmen zu ergreifen, die ihm helfen, mit uns zu leben. Also heißt es nicht: „Der arme Hund“, sondern: *„Wer bist du? Wie kann ich dir helfen?“*

TEIL III – Ursachen

KAPITEL 4

Genetik, Umwelt und Gewöhnung

Die Ursachen für Angstverhalten oder ängstliches Verhalten beim Hund sind vielfältig. Sie können genetisch bedingt sein oder sich im Lauf des Lebens entwickelt haben. In diesem Zusammenhang spielen epigenetische Faktoren eine wichtige Rolle. Die Weichen für das spätere Hundeleben werden schon früh gestellt. Trotzdem ist nichts in Stein gemeißelt. Hunde sind in der Lage, sich zu entwickeln und besonders Angstverhalten lässt sich meist ändern.

Gene und Umwelt

Es gibt genetische Dispositionen, die Angstverhalten leichter entstehen lassen. Es gibt sogar Hunderassen, die ein ängstlich aussehendes Display mitbringen, wie z. B. Windhunde. Unter Display versteht man die Mimik und Gestik der Hunde. Dabei gibt es rassetypische Unterschiede; Windhunde zeigen häufig in entspannter Haltung Demutsgesten. Andere Rassen, wie z. B. die Englische Bulldogge, sehen sehr mürrisch aus, obwohl sie freundlich gestimmt sind. Es gibt aber auch die labileren und vorsichtigeren Hundetypen; dieses Persönlichkeitsmerkmal ist angeboren. Wenn bei einem von Natur aus ängstlichen Typ noch eine ungenügende Sozialisation und Habituation (Gewöhnung) oder eine ungünstige Lebenssituation oder ein instabiles Umfeld dazukommt, dann kann es schnell passieren, dass der Hund in unsicheres Verhalten oder Angstverhalten fällt.

Bei Hunden, die im Zwinger oder in einem Tierheim aufgewachsen sind, fehlt oft die Habituation an die Umwelt und sie reagieren später auf Umweltreize unsicher oder ängstlich. Hunde, die aus schlechter Haltung kommen und soziale Vernachlässigung erleben mussten, entwickeln oft ein Angstverhalten. Vielleicht weil die Mutter nicht in der Lage war, sich adäquat um sie zu kümmern oder sie keine menschlichen Kontakte und sicheren Bindungspartner hatten.

Warum ist oder wird ein Hund ängstlich?

Sind es die Gene? Ist es immer die Umwelt? Ist der Mensch grundsätzlich schuld bei einer Angstproblematik?

Diese Fragen versucht die Disziplin der Verhaltensgenetik zu beantworten. Fest steht, dass es in der Regel keine eindeutige Antwort geben wird, denn die genetische Ausstattung des Hundes und Umwelterfahrungen beeinflussen sich permanent gegenseitig. Daher ist eher von Interesse, zu welchen Anteilen ein Verhalten von den Erbinformationen abhängt. Selbst wenn eine starke genetische Basis für bestimmte Verhaltensweisen besteht, beeinflusst die Umwelt, ob die entsprechenden Gene überhaupt zum Tragen kommen.

Der Begriff der Erblichkeit

Im Rahmen der Domestizierung des Hundes erfolgte nicht nur die Selektion auf optische Merkmale wie Schlappohren oder gelocktes Fell, sondern auch auf gezielte Verhaltensweisen. Zu solchem gewünschten rassespezifischen Verhalten gehören beispielsweise das besonders stark ausgeprägte Anschleichen und Verharren bei einer Jagdbeute. Ein solches Verhalten wird von bestimmten Jagdhunden und Hütehunden auch ganz ohne den Einfluss von Training besonders stark gezeigt. Dadurch ist die Schlussfolgerung naheliegend, dass Hundeverhalten ebenso wie äußerliche Merkmale durch die Erbinformationen beeinflusst wird. Wie ein Hund sich in unterschiedlichen Situationen verhält, hängt maßgeblich von seinen Persönlichkeitsmerkmalen ab. Zu diesen Merkmalen gehört die Ängstlichkeit, die individuell unterschiedlich ausgeprägt in Erscheinung tritt. Mittlerweile ist bekannt, dass auch die Persönlichkeit des Hundes zu einem gewissen Anteil erblich ist. Ob ein Hund schnell Ängste entwickelt, in vielen Situationen eher zögerlich reagiert oder sich nur wenig aus der Ruhe bringen lässt, hängt daher anteilig von seinen Genen ab. Zu welchen Anteilen beispielsweise das Maß an Ängstlichkeit nun konkret von den Erbinformationen oder der Umwelt beeinflusst wird, lässt sich nur schwer beantworten. Einige Studien erlauben jedoch interessante Einblicke in die Erblichkeit von Angstverhalten.

Genetische Einflüsse auf das Angstverhalten

Zu den ersten Arbeiten bezüglich der Erblichkeit von Ängstlichkeit gelten die Veröffentlichungen von Scott und Fuller (1974). Sie zogen Hunde unter ähnlichen Umweltbedingungen auf und beobachteten dabei stärkere Verhaltensunterschiede. Daher schlussfolgerten sie, dass Hundeverhalten deutlich von den Erbinformationen beeinflusst ist. Eine weitere wegweisende Untersuchung ermittelte den

Einfluss der Gene auf das Verhalten von English Pointers (Murphree, 1973). Die Forscher verpaarten Pointer, die extreme Angstreaktionen bei Geräuschen und fremden Menschen zeigten, mit stabilen, sicheren Hunden. Der Nachwuchs wies zu großen Teilen ebenfalls extreme Angstreaktionen auf. Eine genauere Analyse der Erbinformationen war zu diesen Zeitpunkten jedoch nicht möglich.

In einer Studie aus dem Jahr 2019 (MacLean et al.) analysierten Wissenschaftler die Daten von über 14 000 Rassehunden. Dabei interessierten sie sich für das Verhalten und die Informationen der DNA. Jede Zelle im Körper des Hundes enthält genauso wie bei anderen Lebewesen einen spezifischen Bauplan. Der Bauplan ist auf der DNA, einer chemischen Verbindung innerhalb der Körperzellen, gespeichert. Sie enthält alle Informationen, die über den Aufbau und die Funktionen des Organismus entscheiden. Bestimmte Kombinationen der DNA-Bausteine entscheiden dann, wie die genetischen Eigenschaften eines Hundes bestimmt sind. Die Ergebnisse der Untersuchungen weisen auf einen verhältnismäßig hohen Anteil der genetischen Ausstattung in Bezug auf die Persönlichkeit des Hundes hin. Der Erblichkeitswert wurde dabei auf mehr als 50 Prozent geschätzt und es wurden ganze Genorte gefunden, die die Unterschiede erklären können. Die ermittelten Genorte beeinflussen stark die Entwicklung und Funktion des Gehirns.

Eine spezifische Untersuchung zur Erblichkeit von Angst führten Wissenschaftler an Deutschen Schäferhunden durch (Sarviaho et al., 2019). Auch hier wurde sowohl das Verhalten als auch das Erbmaterial der teilnehmenden Hunde evaluiert. Dabei waren zwei unterschiedliche Eigenschaften von besonderem Interesse: Furcht vor Geräuschen und die vor fremden Personen und Situationen. Die Daten weisen darauf hin, dass es bestimmte Kombinationen von

Erbinformationen an Genorten gibt, die die Botenstoffe Glutamat und Dopamin im Hirn beeinflussen. Die Hunde mit Angst vor Geräuschen wiesen bestimmte Genkombinationen auf, die beim Menschen mit starker Geräuschsensibilität einhergehen. Zu den Formen von Geräuschsensibilität beim Menschen gehört die Hyperakusis, bei der selbst leise Geräusche als unangenehm laut empfunden werden.

Bei den Schäferhunden, die sich vor neuen Situationen und fremden Personen fürchteten, ermittelten die Wissenschaftler eine andere Zusammensetzung der Erbinformationen. Diese sind verstärkt bei Menschen mit einem erhöhten Risiko für Schizophrenie und Bipolarer Störung zu finden. Bei beiden Krankheitsbildern treten eine generalisierte Angststörung und Furcht in sozialen Situationen gehäuft auf. Auch diese Ergebnisse weisen auf einen bedeutsamen Einfluss der Gene auf das Hundeverhalten hin.

Die Daten von über 13 000 finnischen Hunden gingen in eine Analyse über den genetischen Einfluss auf das Angstverhalten aus dem Jahr 2019 ein (Salonen et al., 2020). Geräuschangst war dabei das am häufigsten auftretende Verhaltensproblem, gefolgt von allgemeiner Furchtsamkeit und Angst vor bestimmten Untergründen. Auffällig dabei waren Häufungen von Angstproblemen innerhalb einzelner Hunderassen. So zeigten besonders viele Collies Angst vor ungewöhnlichen Untergründen. Das gehäufte Auftreten bestimmter Angstprobleme bei einzelnen Hunderassen weisen auf einen gewichtigen Anteil der Gene hin.

Ängstlichkeit und das Risiko, verschiedene Ängste zu entwickeln, sind also in bedeutendem Maß von den Genen des Hundes geprägt. Die Verpaarung von unsicheren Hunden mit starken Ängsten ist diesen Erkenntnissen zufolge sehr kritisch zu bewerten.

Dafür bietet die gezielte Auswahl von Zuchthunden, die keine Angstprobleme aufweisen, eine vielversprechende Möglichkeit, die Ängstlichkeit bei den Nachkommen zu verringern. Dies ist von großer Bedeutung, da Angstprobleme die Lebensqualität und das Wohlbefinden von Hunden erheblich beeinträchtigen können. Durch verantwortungsvolle Zuchtpraktiken können Züchter dazu beitragen, gesündere und mental stabilere Hunde zu züchten.

Ängstliches Verhalten bei Hunden kann zwar teilweise von genetischen Faktoren abhängen, jedoch bedeutet das nicht, dass Umweltfaktoren deshalb vernachlässigt werden sollten. Der genetische Einfluss auf die Persönlichkeit eines Hundes ist lediglich ein kleiner Teil davon, der unveränderlich erscheint. Tatsächlich haben die Aufzuchtbedingungen, die Erfahrungen, die ein Hund macht, sowie seine Erziehung einen erheblichen Einfluss auf sein Verhalten.

Selbst Hunde, die mit einer ungünstigen genetischen Ausstattung versehen sind, haben das Potenzial, entsprechende Ängste zu überwinden. An dieser Stelle können wir als Menschen eine große Unterstützung für diese Tiere sein.

Epigenetik – Einfluss auf die Gene

Die Hundepersönlichkeit wird nicht nur durch die Gene und Umwelterfahrungen geformt, sondern auch durch eine Wechselbeziehung beider Einflüsse. Ein Beispiel für eine solche Interaktion ist die DNA-Methylierung. Dabei handelt es sich um einen Prozess, der die Erbinformationen ändert. Die über das Aussehen und die Funktion des Organismus bestimmenden Gene innerhalb der Körperzellen können dabei durch unterschiedliche Einflüsse verändert werden.

So ist es beispielsweise möglich, dass durch die Methylierung einzelne Gene für Merkmale aus- oder eingeschaltet werden.

Ein klassisches Beispiel für eine Methylierung ist die Sonnenbräune unserer Haut. Die Menge an Melanin, einem Hautpigment, das unser Körper aufgrund genetischer Informationen produziert, beeinflusst direkt unseren Hautton. Wenn der Organismus aufgrund seiner Erbinformationen weniger Melanin produziert, ist die Haut heller. Sonnenlicht verursacht Veränderungen an den Genorten, die für die Melaninproduktion verantwortlich sind. Dies führt dazu, dass unser Körper mehr Melanin produziert und unsere Haut einen dunkleren Farbton annimmt. Dieses Phänomen zeigt auf beeindruckende Weise, wie äußere Einflüsse unsere genetische Ausstattung modifizieren können.

Einfluss auf Aussehen und Verhalten

Methylierungsprozesse können durch ganz unterschiedliche Einflüsse entstehen. Zu diesen gehören die Nahrung und chemische Substanzen, aber auch Stresshormone. Das veränderte Erbgut hat dabei teilweise einen über den individuellen Organismus hinausgehenden Einfluss. Die veränderten Gene werden in manchen Fällen an die Nachkommen vererbt. In diesem Fall wird vom Phänomen der „Epigenetik“ gesprochen. Erste Erkenntnisse zu dieser Form der Vererbung lieferten die sogenannten Avy-Mäuse (Wolff et al., 1998). Diese Mäuse besitzen das Avy-Gen, das in der aktiven Form für eine goldgelbe Färbung der Nager sorgt. Diese Fellfarbe vererben sie normalerweise auch an ihre Nachkommen. Erhalten die Mäuse ein mit spezifischen Nährstoffen angereichertes Futter, wird das goldfärbende Avy-Gen deaktiviert. Die Folge: Der Nachwuchs der Mäuse mit angereichertem Futter war größtenteils durch das ausgeschaltete Goldgen dunkel gefärbt.

Auch in Hinsicht auf Verhalten und Persönlichkeit wirkt sich die Epigenetik aus. Unter häuslicher Gewalt leidende Mütter wiesen in einer Untersuchung Veränderungen am Genort für die Stressverarbeitung auf (Radtke et al., 2011). Die Modifikationen führten nicht nur zu verstärkter Stressanfälligkeit der Mütter, sondern auch zu einer verstärkten Aktivität des Stresssystems bei deren Nachkommen. Männliche Mäuse, die durch soziale Isolation in der frühen Lebensphase stark gestresst wurden, wiesen ebenfalls Einflüsse von Methylierung in ihrem Erbgut auf. Vor allem bei den genetischen Informationen für die Stressverarbeitung beobachteten die Forscher Veränderungen. Der Nachwuchs dieser Mäuse zeigte verstärkte Ängstlichkeit, ein erhöhtes Level an Stresshormonen und Defizite in der Stressverarbeitung (Yeshurun und Hannan, 2019).

Bei Hunden gibt es ebenfalls Hinweise auf epigenetische Einflüsse. Wissenschaftler analysierten hierfür das Erbmaterial von 46 Hunden. Sie entdeckten dabei Zusammenhänge zwischen Veränderungen an den Genen durch Methylierung und verstärkter Ängstlichkeit gegenüber Umweltreizen sowie fremden Menschen (Sanders et al., 2022). Hunde könnten demnach wahrscheinlich eine erhöhte Stress- und Angstanfälligkeit an ihre Nachkommen weitergeben. Diese Vermutung basiert auf Erkenntnissen über die Vererbung epigenetisch modifizierter Gene bei anderen Tierarten.

Ontogenese und Habituation

Der Hund hat Angst, weil … Ja, wenn ein Hund ängstliches Verhalten zeigt, hat es in der Regel eine Ursache und es kann durchaus vielfältige Gründe haben. Unschöne Erfahrungen werden z. B. abgespeichert und als Bedrohung vermutlich zukünftig gemieden. Vielleicht war es ja sogar der „große böse Mann mit der dunklen Stimme“ oder der XXL-Hund, der ihn als Welpe gejagt hat.

Es ist möglich, dass solche prägenden Erlebnisse dazu führen, dass der Hund später als erwachsener Hund Ängste zeigt. Doch nicht jedes Meideverhalten oder Zögern sollte als Angst bewertet werden. Der Mensch macht es sich zu einfach; wenn ein adulter Hund Unsicherheiten zeigt, er etwas verbellt, so werden sofort Gründe gesucht, um dieses Verhalten zu erklären. In der Beschreibung dieses Hundes finden sich schnell einfache Erklärungsansätze, geprägt von Mutmaßungen ohne hinreichendes Wissen, was dem Hund in der Vergangenheit wirklich widerfahren ist. Ganze Handlungsketten werden gedanklich konstruiert, in denen der Hund Schreckliches erfahren haben muss, weil er sich nun so und nicht anders verhält. Eine Verhaltensänderung hingegen wird dabei gar nicht mehr angestrebt.

Sozialisation

Junge Hunde erleben in den ersten Lebenswochen die erste Sozialisierungsphase. In dieser wichtigen Zeit werden grundlegende soziale Verhaltensweisen entwickelt. Defizite in dieser Entwicklung können zu Störungen und Verhaltensauffälligkeiten führen. Daher ist es für den Züchter bzw. die Halter der Mutterhündin mit ihren Welpen wichtig, dass die Kleinen sehr viele Umweltreize erleben. Dies fängt bei verschiedenen Untergründen für die taktilen Reize der Welpen an und geht bis zu Berührungen. Auch Wind und Wetter sollten die kleinen Hunde spüren: Wärme, Kälte, Nässe und Trockenheit. Solche sensorischen Reize helfen den Welpen, sich und die Umwelt besser wahrzunehmen und kennenzulernen. Verschiedene Umweltgeräusche, ob Radio, Gesang, Klappern oder Brummen von Motoren, sollten die Welpen als normal und nicht als bedrohlich wahrnehmen dürfen. So ist auch die menschliche Stimme, mit allen Nuancen für ihre auditive Kommunikationsentwicklung, zukünftig wichtig.

Erstes Lernen bei der Mutter

Die chemische Kommunikation ist das Erste, was Welpen wahrnehmen. Pheromone der Mutterhündin locken die Kleinen an die Zitzen, sie riechen die Mutter und finden die Milch. In der Folgezeit erfahren die Welpen viele andere Gerüche, von den Geschwistern, von der Mutter, den Menschen, der belebten und unbelebten Umwelt.

Nach dem Öffnen der Augen nehmen sie Bewegungen wahr, lernen Körpersprache kennen, ganz nebenbei auch die der Menschen. Sie lernen darauf zu reagieren und sich anzupassen. Die Welpen bewegen sich dabei im operanten Lernen, dem Lernen durch Versuch und Irrtum. Wie ein kleines Kind, das Laufen lernt, immer wieder hinfällt und aufsteht, so bauen Welpen unermüdlich ihre motorischen und kognitiven Fähigkeiten aus.

Lernen in der neuen Familie

Welpen werden meist mit acht bis zehn Wochen an die neuen Halter abgegeben. In dieser Zeit befinden sie sich noch immer in der ersten Sozialisierungsphase, die mit rund zwölf Wochen abgeschlossen ist.

Daher ist es vor allem für den neuen Halter wichtig, dass der kleine Welpe auch weiterhin in dieser Zeit solche bereits beschriebenen Erfahrungen machen kann. Der Welpe sollte viele sogenannte sozio-positive Erfahrungen machen, das heißt, er sollte viele Sozialpartner kennenlernen, die freundlich im Umgang mit Welpen sind. Dies ist artübergreifend. Es schadet nicht, auch andere Tierarten, ob Pferd, Kuh, Katze oder Kaninchen, unbeschadet kennenzulernen. Der Welpe sollte behütet aufwachsen. Dies bedeutet aber nicht, ihn in Watte zu packen. Kleine Kinder müssen maßvoll und angemessen ebenso unfreundliche Onkel und Tanten kennenlernen, um sich zukünftig angemessen zu verhalten. Nehmen alle Rücksicht, werden ermahnt oder halten still, und der kleine Hund kann völlig distanzlos auf jeden zurennen, jeden anspringen, begrüßen, so wird er dies später auch tun. Wie soll er aber dann lernen, Kontaktaufnahmen möglichst höflich und respektvoll zu gestalten?

Verhalten bei unschönen Erlebnissen

Wenn bei aller Vorsicht und Weitsicht der neuen Familie doch der Worst Case eingetreten ist und der kleine Welpe hatte ein sehr unschönes, unsanftes, erschreckendes oder traumatisierendes Erlebnis, so ist es wichtig, dass der Mensch ruhig bleibt. Oftmals bestärken die Reaktionen des Menschen in Sorge um den Welpen die empfundene Angst. Den Hund hochzureißen und schreiend, tobend, weinend oder zeternd mit dem kleinen Hund davonzurennen, traumatisiert oft mehr als der Schreckmoment selbst. Auch wenn der Welpe verletzt ist, sollte der Halter „einen kühlen Kopf" bewahren. Natürlich darf man das „Kind" auf den Arm nehmen und ruhig trösten. Wichtig ist die Folgezeit für die Entwicklung des Welpen. Doch er muss in den Folgetagen immer wieder ähnlichen Situationen ausgesetzt werden, die geplant und positiv für den kleinen Hund ablaufen. Er soll viele freundliche Hunde/Menschen erleben, damit kein Misstrauen oder keine Unsicherheit entsteht. Waren es bewegliche oder unbewegliche Gegenstände, die den Welpen erschreckt haben, muss man auch solche Begegnungen gezielt suchen und mit dem Hund neu erleben und bewerten. Nur so kann er erfahren, dass ein Individuum sich durchaus verletzend verhalten kann, während aber die allermeisten dieser Art freundlich zu ihm sind.

Schon der Welpe in der Sozialisierungsphase braucht einen Menschen, der ihn „an die Hand" nimmt, ihm die Welt zeigt und erklärt und kontrolliert erleben lässt.

Ein Welpe, der expansiv auf alles zurennen darf – hinter ihm die hilflos lachenden Halter –, der wird zwangsläufig unschöne Erlebnisse haben. Dies kann zur Folge haben, dass der Hund entsprechend ähnliche Hunde, Menschen … als Bedrohung wahrnimmt und zukünftig meidet oder verbellt. Viele entwickeln aber auch eine Taktik, mit viel Dynamik in Lebewesen hineinzustürmen, sodass sich diese abwenden oder zurückweichen. Ohne Anleitung oder unangenehme Erfahrungen kann der Welpe aber schlecht lernen, Artgenossen oder Sozialpartnern zunächst höflich und mit ritualisierten Begrüßungssignalen zu begegnen, um Konflikte zu vermeiden.

Streiten lernen

Im Laufe seiner Entwicklung hat der junge Hund noch verschiedene Entwicklungsstufen zu durchlaufen. Es gibt ängstliche Phasen und es gibt die Pubertät, in der alles Erlernte in Frage gestellt oder vergessen wird. In all dieser Zeit lernen die Hunde bei jeder Begegnung. Um sich angemessen zu verhalten, muss auch eine gewisse Streitkultur entwickelt werden. Nur so können die Hunde zukünftig mit unangenehmen unfreundlichen Sozialpartnern anmessen umgehen, ohne gleich die Nerven zu verlieren.

Streiten lerne ich nur in einem angeleiteten Streitgespräch.

Kommt es in diesen Phasen zu Defiziten oder schwerwiegenden Erfahrungen, wird der Hund zukünftig im agonistischen Verhalten agieren. Hier kommt es am häufigsten zur Fehlinterpretation von Angst!

Doch Hunde lernen lebenslang. Schlechte Erfahrungen kann man wiedergutmachen und durch positive Erfahrungen ersetzen. Im besten Fall lernt der kleine Hund im Lauf seiner Kindheit in vielen verschiedenen Situationen, mit negativen, bedrohlichen aber auch sehr viel positiven Erfahrungen kritische Begegnungen sicher einzuschätzen und entsprechend zu reagieren, um größere Konflikte zu vermeiden oder Angst zu entwickeln.

Defizite in der Sozialisierungsphase

Es kann im Lauf der Sozialisierungsphase aber auch Defizite geben. Sind Welpen weggesperrt, haben keine Möglichkeit, Umwelterfahrungen zu machen, leben isoliert, fernab von Umweltgeräuschen und -gerüchen, ohne Sozialpartner und Umweltreize, so entwickeln sie unter Umständen irreversible Deprivationsschäden. Hunde, die mit wenig Umweltreizen aufgewachsen sind, langsam und zögerlich reagieren, jedoch lernen, sich zurechtzufinden, haben keinen Deprivationsschaden. Dies wird viel zu häufig inflationär gerade bei Auslandshunden diagnostiziert.

Wichtiger wäre, genauer hinzuschauen. Ein Welpe, der auf dem Bauernhof bei Wind und Wetter, mit Menschen, anderen Tierarten und Traktoren aufwuchs, kann tatsächlich massive Probleme in einer Großstadt haben. Hier aber von Deprivationsschaden zu sprechen, ist falsch. Der Hund wurde sogar sehr gut sozialisiert, aber auf eine ganz andere Umweltsituation. Dieser Hund wird jedoch langsam lernen, sich auch in der Stadt zurechtzufinden. Ein Hund mit Deprivationsschaden wird zeitlebens nicht lernen, sich richtig anzupassen. Sein Gehirn ist einfach nicht darauf vorbereitet und entwickelt. Um es ganz plakativ auszudrücken: Auf einer großen Wiese (Hirn) ohne Wege ist man völlig orientierungslos; je ausgetretener die Pfade sind, desto sicherer bewege ich mich darin. Leider sind bei einem Deprivationsschaden keine Wege mehr anlegbar. Hingegen können bei entsprechender Sozialisierung angelegte Fußwege noch zu einem sicheren Verkehrsnetz mit Pfaden, Land- und Bundesstraßen und sogar Autobahnen ausgebaut werden.

Biologisch betrachtet entwickelt das Hirn bei jeder Begegnung und Erfahrung sogenannte Synapsen, also Verbindungsmöglichkeiten. Ein vielfältiges Angebot hilft dem Hund, sich später im Leben zurechtzufinden. Leider steckt auch hier der Fehler im Detail. Heute werden die Hunde zu häufig mit viel zu viel belastet. Kleine Kinder müssen sehr viel schlafen, um Erlebtes zu verarbeiten. Kommen zu viele Eindrücke und bleibt zu wenig Zeit, sie innerlich zu verwerten, kann auch hier der Hund Störungen in der Entwicklung bis hin zu Verhaltensstörungen entwickeln. Dies zeigt sich oft durch Unruhe und Unsicherheit.

Glaubens- und Antreibersätze

Nun kommt es im Lauf der Kindheit zu sich wiederholenden Lernprozessen, die oft schmerzhaft, schambehaftet, zumindest aber prägend sind für die Zukunft. Daraus entstehen sogenannte Glaubenssätze, die jeder von uns in irgendeiner Form mit sich ins Leben genommen hat. Sätze, die so klingen wie: *„Das macht man aber so“*, *„Das darf man nicht“*, *„Widerstand ist zwecklos“*, *„Ich bin dumm und hässlich“* oder auch: *„Ich bin die Schönste auf der Welt“*, und vieles mehr.

Aus diesen Glaubenssätzen entwickeln sich entsprechend auch Antreibersätze wie: *„Ich muss stark sein“*, *„Ich darf mich nicht wehren“*, *„Ich muss immer der Beste sein“*, *„Ich kann das sowieso nicht.“* Jeder hat so seine eigenen Erfahrungen und damit ganz persönliche Glaubens- und Antreibersätze. Letztendlich haben solche Werte unsere Hunde auch mit ins Leben bekommen, durch die Mutter, die Geschwister, die Lebensbedingungen. Solche Werte sind prägungsähnlich festgeschrieben. Vielleicht ist es sogar ein Satz wie:

„Alle Menschen sind böse", *„Man darf Menschen niemals trauen"*, aber auch: *„Freiheit ist das höchste Gut"*, und vieles mehr. Nicht die Glaubenssätze an sich, sondern die Bewältigungsstrategien, die sich daraus entwickelt haben, machen uns in der Arbeit mit den Hunden Probleme. Letztlich muss man mit sehr vielen Wiederholungen den entsprechenden Glaubenssatz verändern und positiv besetzen. An dieser Stelle wäre Zeit, die eigenen Glaubens- und Antreibersätze aufzuschreiben und anzuschauen, ob sie nicht vielen eigenen Entwicklungen, vor allem aber der des Hundes entgegenstehen.

Gesamtbild eines Hundes

Das Verhalten von Hunden wird durch ihre Persönlichkeit beeinflusst, die Rasse und Herkunft spielen eine Rolle, die Situation, in der sie sich befinden, und die Erfahrungen, die sie im Lauf des Lebens gemacht haben. Um einem Hund mit Angstverhalten helfen zu können, muss man aus diesem Grund immer das Gesamtbild betrachten.

Die Angst überschattet oft die Persönlichkeit, trotzdem dürfen die Hunde nicht auf ihr Verhalten reduziert werden. „Er/sie ist ein Angsthund" hören wir leider viel zu oft. Hunde sind so viel mehr als nur das, was sie in dem Moment zeigen.

Persönlichkeit

Die Persönlichkeit ist die Summe aller Charaktereigenschaften und des Temperaments. Das Temperament beinhaltet die intrinsische Motivation, Gefühle und die Reizschwelle eines Individuums und ist angeboren. Der Charakter entwickelt sich im Lauf des Lebens durch

Erfahrungen und das Umfeld. Kurt Kotrschal, Biologe und Verhaltensforscher an der Universität Wien, befasste sich näher mit den Persönlichkeitsmustern von Hunden (Kotrschal, 2009). Es wurden vier Persönlichkeitsachsen gefunden, die dem Fünf-Faktoren-Modell der menschlichen Persönlichkeitspsychologie sehr ähnlich sind (Schöberl und Wedl, 2012). Heute wird diskutiert, ob nicht alle fünf Persönlichkeitsmerkmale auch beim Hund vorkommen, nämlich: Offenheit, Gewissenhaftigkeit, Extraversion, Verträglichkeit und Neurotizismus. Dr. Marie Nitzschner unterscheidet in ihrem Buch „Die Persönlichkeit des Hundes“ (2021) fünf Charaktereigenschaften. Sie spricht von dem Aktivitätslevel, der Geselligkeit, der Trainierbarkeit, der Aggressivität und der Ängstlichkeit.

Es gibt soziale, empathische Hunde, aber auch Hunde, die eher unverträglich sind, es gibt ruhige, introvertierte Tiere und extrovertierte, es gibt stabile und labile Persönlichkeiten, es gibt den eher aktiven und den eher ruhigen Typ.

Habe ich mit einem Hund in Angst zu tun, der vielleicht nur durch den Transport und die neue Umgebung verunsichert ist, der aber sehr wohl weiß, was er will, und in dem vielleicht sogar ein Abenteurer und Clown steckt? Oder ist der Hund eine eher labile Persönlichkeit und ihm fehlt jeglicher Halt?

Rasseeigenschaften

Die Rasse spielt eine Rolle, denn Rassen bringen gewisse Eigenschaften mit sich, die in der Zucht gefördert wurden. Ein Malinois oder ein Border Collie z. B. hat meist eine hohe Reaktivität und reagiert auf Geräusche. Ein Wachhund ist misstrauisch gegenüber Fremden. Das ist so gewollt, kann aber bei manchen Hunden zu Problemen führen.

Erfahrungen

Neben genetischer Disposition formen Erfahrungen die Persönlichkeit und beeinflussen das Verhalten. „*Jedes Gehirn braucht zur gesunden Entwicklung eine altersangemessene Stimulation – weder zu viel noch zu wenig –, wie sie normalerweise in einer artgerechten Umgebung stattfindet*“ (Mehl, 2021). Die Verhaltensentwicklung beginnt schon in der pränatalen Phase, also schon vor der Geburt, und endet nie. Fehlende Erfahrungen können genau wie schlechte und traumatische Erfahrungen zu einer Verhaltensstörung führen.

Hunde lernen durch Erfahrungen, dabei spielen soziale Lernerfahrungen eine Rolle, die Gewöhnung an die Umwelt durch Habituation und Lernerfahrungen, die sich auf Handlungen beziehen.

Soziale Lernerfahrungen sind immer gegeben: „*Da kein Welpe ganz ohne Kontakt zu einem anderen sozialen Lebewesen (Mutter, Amme, Pflegeperson) überleben würde, ist hier ein Minimum an Stimulation und somit auch ein Minimum an Ausprägung relevanter Funktionskreise gewährleistet*“ (Mehl, 2021). Bei Habituation sieht es schon anders aus. Hunde, denen wichtige Erfahrungen fehlen, haben später oft Probleme mit ganz alltäglichen Dingen wie Autos, Mülltonnen, Türen, Menschen, die entgegenkommen, etc. Hunde, die in einer normalen Umwelt aufwachsen, lernen, welche Gegenstände, Lebewesen oder Situationen welche Bedeutung für sie haben. Eine Mülltonne kann für einen Straßenhund Futter bedeuten, für einen anderen Hund hat eine Mülltonne keine Bedeutung und gehört zum Leben dazu. Hunden, die nichts kennengelernt haben, fehlen diese Lernerfahrungen, und oft reagieren sie dann mit Furcht. Sie müssen erst lernen, dass eine Mülltonne keine Gefahr darstellt.

Bei Welpen im Alter von 5 bis 15 Wochen entwickelt sich das Gehirn durch Stimulation und Erfahrungen. „*Wächst ein Hund dagegen z. B. in einem gefliesten steril-weißen Raum oder einem Gartenzwinger auf, wird das Gehirn in vielen Bereichen zu wenig stimuliert. Nervenzellen sterben ab und zwischen überlebenden Neuronen werden weniger Synapsen gebildet. Die Netzwerke geschädigter Funktionskreise sind dadurch weniger leistungsfähig und wir sehen die Folgen in Form der sogenannten Deprivationsschäden*" (Mehl, 2021).

Deprivation führt nicht grundsätzlich auch zu einem Deprivationsschaden, da meist ein Minimum an Stimulation gegeben war. Hunde lernen ein Leben lang und können fehlende Erfahrungen auch später im Leben noch nachholen.

Die wichtigsten Lernerfahrungen beziehen sich auf die Handlungen des Hundes. Hunde verhalten sich und bewerten – so finden Lernprozesse statt. War das Verhalten in ihren Augen erfolgreich, so werden sie es in Zukunft vermehrt zeigen. Besonders in Konfliktsituationen können die Hunde lernen, mit Stress umzugehen. „*Nach einer gesund überstandenen Krise ist die Resilienzkraft gewachsen*" (Engelstädter, 2022). Hunde brauchen also bewältigbaren Stress, um sich entwickeln zu können und stressresistenter zu werden. Die kognitive Verarbeitung von Verhalten und Entwicklung von Coping-Strategien führen zu entspannteren Hunden. Ein Welpe, der die Erfahrung machen durfte, dass er stressige Situationen überstehen kann, wird sich merken, wie er damit umgeht. Er entwickelt Strategien und wird in Zukunft darauf zurückgreifen können. Hunde, die Stresssituationen erfolgreich bewältigt haben, sind resilienter und weniger anfällig für Stress. Im Idealfall sind die Lebensumstände des jungen Hundes so, dass er vielfältige Erfahrungen machen kann.

Es ich wichtig darauf zu achten, dass der Hund die Erfahrung macht, dass sein Verhalten zu einer Verbesserung der Situation führt und er sich keine „schlechten Strategien“ angewöhnt. Flucht oder auch Aggression wären ein solche „schlechte Strategie“, die Hunde lernen können. Ein Hund, der sich durch Flucht aus Situationen entzieht, die er als unangenehm empfindet, wird diese Strategie weiterverfolgen. Auch Aggression kann eine erlernte Strategie sein. Es gibt auch Hunde, die eine Art „Shutdown“ erlernt haben. Sie werfen sich auf den Boden und weigern sich irgendetwas zu tun.

Es muss unterschieden werden, ob der Hund eine Strategie verfolgt und ein erlerntes Verhalten vorliegt oder ob sein Verhalten (Fight, Flight, Freeze) eine akute Stressreaktion ist (siehe S. 43).

Traumata

Eine Traumafolgestörung kann auch bei Hunden die Ursache für extreme Angstzustände sein. „*Ein wesentlicher Baustein dieses Wissens ist, dass Traumata nicht durch das Erfahren von schlimmen Ereignissen selbst entstehen, sondern in der psychischen Verarbeitung dieser Erfahrungen begründet sind. Als man entdeckte, dass die gleichen Ereignisse (Katastrophen, Kriegserfahrungen, Missbrauchserfahrungen etc.) nicht bei allen Menschen, die diese erlebten, auch zu Traumafolgestörungen führen, hat dies das Interesse an der Erforschung von Resilienz beflügelt* (Wickert und Mayrhofer, 2021). Das heißt, dass nicht jeder Hund bei einer extremen Erfahrung ein Trauma erleidet. Bei Hunden mit einer guten Resilienz sinkt die Wahrscheinlichkeit einer Traumafolgestörung. Fischer und Riedesser (2020) bezeichnen ein Trauma als ein „*vitales Diskrepanz-Erlebnis zwischen bedrohlichen Situationsfaktoren und den individuellen Bewältigungsmöglichkeiten, das mit Gefühlen von Hilflosigkeit und schutzloser Preisgabe einhergeht und so eine dauerhafte Erschütterung von Selbst- und Weltverständnis bewirkt*".

Die Diagnose eines Traumas bei einem Hund zu stellen, ist nicht ganz einfach, da die Traumadiagnose (bei Menschen) hauptsächlich im Gespräch in Bezug auf Erinnerungen und mithilfe von Fragebögen gestellt wird, was beim Hund offensichtlich so nicht möglich ist. Auch die Abgrenzung zu anderen psychischen Störungen ist schwierig, da die Unterschiede, selbst in der Humanmedizin, nicht einfach zu erkennen sind.

KAPITEL 5

Formen der Angst

Erlebte Angst

Jeder von uns hat dies schon oft erlebt: Es passiert etwas Schreckliches, oder wir erschrecken ganz furchtbar, wir hatten ein ungutes Erlebnis und reagieren mit Angst oder Panik. Hier ist die Angst als Primäremotion zu verstehen, ausgelöst durch ein akutes Ereignis.

Im weiteren Verlauf wird sich zeigen, ob sich diese Angst manifestiert und wir zukünftig wieder emotional oder sogar gesteigert mit Angst reagieren, wenn wir z. B. dem angstauslösenden Reiz ausgesetzt sind. Dies kann ein Geruch, Geräusch, eine Berührung sein, wenn also dadurch einer unserer Sinne angesprochen wird und wir auf keine Lösungsstrategien zurückgreifen können. Die Angst wird als Gefühl bei uns abgespeichert und ist schnell und vollständig abrufbar, wenn der auslösende Reiz wieder erfolgt. Haben wir aber gelernt, in solchen Stresssituationen ruhig zu bleiben, Lösungswege zu suchen, also

Coping-Strategien zu entwickeln, wird unsere Emotion „Angst“ schwächer werden und wir können sie überwinden. Werden wir dann zukünftig mit ähnlichen Reizen konfrontiert, werden diese erkannt und überprüft, ob erfolgreiche Bewältigungsstrategien hier auch wirksam sind. Ist das der Fall und die Angst wird überwunden, nennt man diesen Vorgang **Resilienz**, wir werden anpassungs- und widerstandsfähiger.

Ist diese Angst so groß, sind wir ihr hilflos ausgesetzt, entwickelt sie sich sogar irrational, dann wird der Zustand pathologisch, wir entwickeln eine **Angststörung**, in dem Fall eine Phobie. Bei diesen Angstzuständen reagiert der Körper mit heftigen Stresssymptomen, die für den Organismus sehr belastend sind. Generalisiert sich diese Angst, dann werden teilweise auch hier Coping-Strategien entwickelt, um diese Belastung besser ertragen zu können; man entwickelt **Zwangsstörungen**. Es wurde festgestellt, dass bei der Ausübung solcher Zwangsstörungen das Cortisol, also die Stresswerte im Blut, einen Normalstand entwickeln – eine Hilfestellung des Körpers, besonders belastende Situationen oder Reize aushaltbar zu machen.

Entwickelt der Hund nicht erfahrungsbedingt angepasste Coping-Strategien zur Bewältigung von angsteinflößenden Situationen, sondern reagiert mit pathologischer Angststörung auf Reize, dann muss dem Tier dringend geholfen werden, denn pathologische Angst ist körperlich und psychisch sehr belastend. Der Organismus kann sich nicht mehr selbst davon befreien.

Es ist für dieses Tier existenziell, ihm aus der pathologischen Angst zu helfen oder ihn von seinen Angststörungen zu befreien. Die Therapieansätze hierzu sind auch aus der Humanmedizin, verifiziert und angepasst auf die Bedürfnisse und Möglichkeiten des Hundes.

Therapieansätze

Kurz angerissen wird bei Hunden mit **Emotionsregulation** gearbeitet, das heißt, es wird mit Impulskontrolle und Frustrationstoleranz gearbeitet, und zwar im Alltag und in anderen nicht belastenden Situationen, damit der Hund lernt, sich selbst zu regulieren. Unterstützen kann man die Emotionsregulation mit Entspannungsübungen. Diese nehmen Einfluss auf die Hormone und Botenstoffe und helfen, dass sich der Hund selbst regulieren kann. Was ebenfalls hilfreich ist, sind Wiederholungen und Rituale. Solche plan- und berechenbaren Abläufe unterstützen den Hund, sich durch den Alltag zu hangeln.

Verhalten abbrechen

Kommt es doch zu Zwangs- und Angststörungen, wird dieses zwanghafte Verhalten konsequent abgebrochen. Ob ein Signal, ein Anschubsen, Ansprechen bei diesem Tier hilft, muss man ausprobieren. Letztendlich versucht man mit all den vorgeschalteten Übungen eine Habituationstherapie, das heißt, der Hund wird dem angstauslösenden Reiz so weit ausgesetzt, dass er es noch aushalten kann. Er sollte noch so weit ansprechbar sein, dass man mit Ablenken oder Umlenken ein Alternativverhalten etablieren kann.

Das A und O dieser Therapie ist die soziale Unterstützung. Der Mensch muss dem Hund zur Seite stehen, im sprichwörtlichen Sinn. Auch wenn der Hund diese Nähe vielleicht erst als unangenehm empfindet, lässt man ihn nicht allein mit seinen Ängsten und Emotionen.

Selbstwertgefühl steigern

Kann der Hund wieder am Leben teilnehmen, ist der nächste sehr wichtige Schritt, das Selbstwertgefühl des Hundes mit kleinen „Mutproben“ zu steigern. Wie diese Mutproben aussehen, ist abhängig davon, was der Hund als Herausforderung sieht. Für den einen kann der Sprung über einen Baumstamm schon eine Herausforderung darstellen, für den anderen wäre es Alltag. In der Arbeit mit dem Tier lernt man es und seine Bedürfnisse und Vorlieben kennen und sucht eine entsprechende Herausforderung, die der Hund bestehen kann. Danach werden auf beiden Seiten Freudentänze veranstaltet, die das Selbstwertgefühl des Tiers steigern.

Auch bei zu früh gemachten Lernerfahrungen können Hunde eine Ängstlichkeit entwickeln. In dem Fall ist eine Veränderung durchaus möglich. Neben Trainingsansätzen im Angstbereich sind bei diesen Hunden besonders „Mutmach"-Situationen notwendig. Hunde können ihr Selbstbewusstsein durch Spaß, Selbstbestimmung und Selbstwerterfahrung durchaus erhöhen.

Genetisch manifestierte Angst

Es gibt aber auch, aufgrund von Genetik, das Persönlichkeitsmerkmal Ängstlichkeit. Dies kann bedingt sein durch falsche Zuchttierauswahl, falsche Verpaarung oder es hat eine epigenetische Komponente. Lebten die Eltern, Groß- und Urgroßeltern schon wild und frei, so wird der kleine Hund, trotz bester Sozialisation scheu und zurückhaltend bleiben.

Hunde, die grundsätzlich eher zurückhaltend, schüchtern, ängstlich, zögerlich sind, brauchen eine besondere Hilfestellung in Form eines stabilen Menschen, der mit beiden Beinen fest auf dem Boden steht, und das ist wortwörtlich gemeint. Menschen, die unruhig sind, deren Stimme flattert, deren Atem schneller oder stockend geht, weil sie „mitleiden", werden dem Hund keine große Hilfe sein. In diesem Fall wäre ein stabiler, souveräner Zweithund als Rettungsanker notwendig.

Hormonell bedingte Angststörung

Kommt es hingegen zu Störungen im hormonellen Gleichgewicht, kann es auch zu Ängstlichkeit oder Schreckhaftigkeit kommen. An dieser Stelle wäre ein Tierarztbesuch erforderlich, um die Ursache herauszufinden und medikamentös dem Tier zu helfen. Ursache kann schon eine Läufigkeit sein, das geht vorüber. Man sollte allerdings bei der nächsten Läufigkeit vermehrt darauf achten. Leidet die Hündin, ist möglicherweise sogar eine Kastration die einfachste und effektivste Therapie.

Unabhängig von den natürlichen Abläufen, kann es auch zu pathologischen Schwankungen im Hormonhaushalt kommen. Dies hat vielerlei Ursachen und sollte vom Tierarzt abgeklärt werden. Auch Tumorgeschehen oder Unfälle könnten z. B. Einfluss auf die Hormonbildung oder die Hirnfunktion nehmen. In Ausnahmefällen können Vergiftungen oder krankhafte Veränderungen der Sinnesorgane Ursache sein. Wenn eine solch plötzlich auftauchende Ängstlichkeit den Hund beeinträchtigt, muss ein Tierarzt zunächst die Ursache herausfinden.

Verunsicherung durch Reize

Eine weitere Ursache, und zwar eine Störung von externen zu internen Reizen und umgekehrt, kann ebenfalls zu einer starken Verunsicherung des Hundes führen. Das heißt, dass ein Reiz (Kälte, Hitze, aber auch Laute wie Knall oder Knirschen) viel heftiger empfunden wird und der Hund dadurch erschrickt, verängstigt oder unsicher wird. Dieses Phänomen kann pathologisch und auch geriatrisch bedingt sein. Veränderungen an unseren Reizleitungen, an den Sensoren der Haut oder der zuständigen Hirnregion könnte hierfür die Ursache sein.

Urängste

Wird bei Hunden von Angst gesprochen, fällt häufig der Begriff Urangst. Diese Urangst soll die Hunde vor auftretenden Gefahren schützen. Viele Reaktionen werden damit erklärt. Trainingsmaßnahmen bei solchen Verhaltensweisen werden abgelehnt aus Rücksicht auf die Form der Angst. Hunde haben, wie alle Lebewesen, eine angeborene Lerndisposition. Nach der Preparedness-Theorie von Seligmann (1971) reagieren Lebewesen auf bestimmte Reize auch ohne größere Lernerfahrung mit Angst. Die Angst ist an Situationen und Lebewesen geknüpft, die evolutionsbiologisch eine Gefahr darstellten. Man spricht dabei von Urängsten (Lexikon der Psychologie, 2000). Schlangen und Spinnen sind ein gutes Beispiel: Obwohl es in den meisten Ländern kaum giftige Schlangen gibt, reagieren Menschen und Tiere oft mit Vorsicht und Furcht auf diese Tiere. Hieraus abgeleitet wird das Verbot, Hunde mit einem Zischlaut zu unterbrechen, denn das würde Schlangen imitieren und Todesangst auslösen.

Ebenso darf man laut dieser Theorie selbst einen kleinen Welpen, der knurrend über seinem Futter steht, nicht freundlich ermahnen. Stattdessen sollte man ihm noch mehr Futter geben, damit er die Urangst, zu verhungern, verliert. Leider wird mit diesem Begriff für Reaktionen der Hunde das Verhalten völlig falsch interpretiert. Es werden Begriffe wie „Urangst zu verhungern oder zu ersticken“ genannt und erzieherische Maßnahmen oder Hilfsmittel abgelehnt.

Verhalten, das nicht auf Angst begründet ist

In unserem Wortschatz gibt es viele Wörter, die Ähnliches bedeuten. Es sind vielleicht nur Nuancen, aber im Verständnis für das Gegenüber macht es einen Unterschied. Körpersprachlich sind diese Unterschiede nicht so deutlich, weshalb bei Hunden immer gleich von Angst gesprochen wird.

Demutsverhalten

Das größte Missverständnis herrscht bei Demutsverhalten. Demutsverhalten wird gezeigt, um Distanz zu verringern (aktive Demut) oder aber, um Distanz zu vergrößern (passive Demut). Es kann durchaus strategisch eingesetzt werden, um vorgenommene Ziele zu erreichen oder um das Gegenüber freundlicher zu stimmen.

In Fachkreisen wird heutzutage oft von den sechs F gesprochen, von konfliktlösendem Verhalten, das wir der Vollständigkeit halber hier erwähnen wollen. Flirt und Fiddle about, zwei der F, werden dem Demutsverhalten zugeschrieben. Es ist übersetzt zu verstehen wie: *„Ach komm, sei doch nicht so"*, begleitet mit schmachtendem Blick beim Flirt. Fiddle about ist ein Herumalbern, ein Sich-über-sich-selbst-lustig-Machen, gern eine spielerische Aufforderungen, eigentlich fehl am Platz, weil gerade ein Konflikt die Beziehung belastet. In der aktiven Demut wird sehr juvenil angerempelt und die Schnauze des Gegenübers geleckt, einzig, um sich beim Gegenüber „einzuschleimen", ihn zu beschwichtigen und vor allem die Distanz zu verringern. In der passiven Demut macht sich der Hund klein, legt sich vielleicht sogar hin, wendet den Blick ab: *„Okay, ich hab's verstanden"*, oder: *„Ich mach's nie mehr"*, könnte das heißen. Es wird häufig auch strategisch von Hunden eingesetzt und kann ebenso schnell wieder aufgelöst werden.

Demutsverhalten dient der Konfliktvermeidung und Distanzvergrößerung und ist kein Zeichen von Angst. Selbstverständlich können Hunde dieses Verhalten zeigen, wenn sie unsicher sind oder das Gegenüber bedrohlich wirkt.

Fluchtverhalten

Bleiben wir bei den fünf F, so zählt hier auch Flight darunter, also Fluchtverhalten bei Angst. Wenn der Hund allerdings zwei Meter wegspringt, stehen bleibt, sich zögerlich wieder nähern kann oder auf Distanz beobachtet, ist ziemlich sicher keine Angst im Spiel. Der Hund kann misstrauisch sein, vielleicht wurde er auch schon verjagt. Er ist vielleicht grundsätzlich eher ängstlich und traut sich erst mal nicht, bis er die Situation besser einschätzen kann. Dies gilt auch bei unsicheren Hunden, die sich vielleicht in einer für sie völlig neuen Situation befinden. Es kann aber auch sein, dass der Hund aufgrund einer bedrohlichen Situation erschrocken ist, auch da würde er wegspringen, eine unsichere Körperhaltung zeigen, aber die Situation weiter beobachten und wieder näher kommen. Vielleicht ist er aufgrund von Erfahrungen vorsichtig geworden?

Es versteht sich von selbst, dass man mit einem vorsichtigen Hund anders umgeht als mit einem grundsätzlich eher ängstlichen oder sogar misstrauischen Typ Hund. Daher ist es so wichtig, genauer hinzuschauen. Nur wenn man den Hund versteht, kann man ihm angemessen helfen.

Kampf

Kämpft der Hund (Fight) in der Angst um sein Leben, ist das eine völlig andere Situation, als wenn der Hund sich in die Enge getrieben fühlt, die Zähne zeigt, droht und mit abschätzendem Blick beobachtet. *„Wage dich nicht, näher zu kommen!“* Der Hund wirkt berechnend. Dies ist in der Angst nicht möglich. Auch hier muss man klar unterscheiden und hinschauen.

Einfrieren, Erschrecken

Bleiben noch die beiden letzten F wie Freeze oder Einfrieren. Ein Hund, der aus Angst einfriert, ist wie in Leichenstarre. Er befindet sich in Todesangst und kann nicht mehr reagieren. Damit nicht zu verwechseln ist ein Hund, der den Blick abwendet und sich steif macht, auch wenn die Rute eher unten ist, die Ohren angelegt sind, es könnte sich auch um ein Drohsignal handeln, was so nicht aus der Angst heraus gezeigt wird. Wenn sich ein Hund erschrickt und dadurch kurz einfriert – hier käme der Begriff Frightend als letztes F ins Spiel – kann ebenfalls nicht von Angst gesprochen werden. Man kann gut erkennen, wie der Hund danach seine derzeitige Situation abschätzt und reagiert.

Dies sind alles Momentaufnahmen eines konfliktbehafteten Kontaktes. Je mehr der Hund die Chance hat, solche Situationen heil zu durchleben und einen möglichen Gewinn daraus zu ziehen, z. B. Distanzverringerung oder -vergrößerung durch sein Verhalten, desto sicherer wird er werden, desto resilienter wird er im Umgang mit Stress sein.

Immerwährende Harmonie ist unnormal. Daher ist es wichtig und richtig, den Hund auch Konfliktsituationen erleben zu lassen. Hunde müssen lernen, Konflikte auszuhalten und damit umzugehen. Wer diese Anspannung nicht erlebt hat, die in einem solchen Konflikt als unangenehm wahrgenommen wird, der kann auch keinen Höhenflug erleben, wenn die heikle Situation sich aufgelöst hat oder beendet werden konnte.

Wie gut es sich doch anfühlt, kleine Siege davonzutragen oder das Nachlassen einer großen Anspannung. Dies verwehrt man den Hunden oft, um Stress zu vermeiden, und vergisst dabei, wie gern wir manchmal diskutieren, manchmal sogar streiten und uns hinterher wieder vertragen. Nichts anderes tun unsere Hunde den ganzen Tag untereinander, wenn man sie lässt.

Über den Kontext und den Dackelblick

Will man basierend auf einzelnen Momenten und der darin gezeigten Körpersprache ableiten, ob ein Hund Angst hat, müssen vor einer endgültigen Einschätzung noch viele weitere Aspekte berücksichtigt werden. Dazu gehören der jeweilige Kontext, körpersprachliche Besonderheiten, sowie individuelle Lebens- und Lernerfahrungen. Zudem darf nicht vernachlässigt werden, dass Hunde ihre Körpersprache zur Kommunikation mit dem Menschen einsetzen und hierbei mitunter gezielt versuchen, mit wortwörtlichem Hundeblick ihre Interessen durchzusetzen. Nicht zuletzt haben Hunde zur Perfektion des Dackelblicks, mit dem sie uns Menschen um den Finger wickeln, im Verlauf der Domestikation mehr Muskeln im Augenbereich als ihre wölfischen Vorfahren entwickelt (Kaminiski et al., 2008).

KAPITEL 6

Der Hund aus dem Ausland

Kommt ein Hund aus dem Ausland, muss man sich nicht nur seine Vergangenheit, sondern auch sein Herkunftsland genau anschauen. Es gibt nicht DEN ANGST-Hund. Oft sind es schüchterne, jedoch jagdlich hochmotivierte Südländer, die als sogenannte Angsthunde zu uns kommen.

Hunde aus dem Süden

Ob Griechenland, Spanien, Portugal oder Italien, in diesen Ländern wurden und werden Hunde sehr häufig für die Jagd auf Niederwild gehalten. Ich kann somit auch bei Mischlingen damit rechnen, dass mein Hund Jagdverhalten zeigt. Im Umgang sind das Rassen, also Jagd- oder Windhunde, die schüchtern oder zurückhaltend wirken. Dies hat nicht unbedingt mit schlechten Haltungsbedingungen zu tun. Solche Hunde leben in den Ursprungsländern nicht sehr nahe bei den Menschen, es sind Arbeitstiere, die draußen in Zwingern oder an der Kette gehalten werden, bis sie zum Einsatz kommen. Diese Hunde sind oft sehr sensibel, sie wirken zart, ihre Mimik wirkt sorgenvoll. Schnell ist der Mensch dabei, diese Hunde zu trösten und zu bedauern. Doch sind sie im Freilauf, erkennt man die unerschrockenen Jäger. Hier sind sie in ihrem Element und legen sich auch mit widerspenstigen Tieren an. Die Narben, die sie tragen, kommen oft von Jagdunfällen und nicht von Misshandlungen, wie gern suggeriert wird.

Überall in den südlichen Ländern gibt es auch die kleinen Hunderassen, die bei den Menschen wohnen und eher weniger Probleme machen werden. Selbst wenn sie schlechte Zeiten hinter sich haben, können sie sich meist schnell wieder auf den Menschen einlassen.

Einen großen Anteil an den Hunden aus dem Süden, vor allem aus Griechenland, stellen die sogenannten Herdenschutzhunde und ihre Mischlinge dar. Wenn solche Hunde auffallen, dann häufig aufgrund defensiven Aggressionsverhaltens, das leider häufig als Angst interpretiert wird. Diese Hunde sollen Schafherden oder Grundstücke bewachen und die Familie und andere Tierarten, die dazugehören, beschützen. Das können sie ungelernt und tun dies oft sehr vehement. Fremden gegenüber sind solche Hunde eher misstrauisch und reserviert. Auch dieses Verhalten wird leider viel zu oft als ängstlich aufgrund von Misshandlungen fehlgedeutet. Selbst die beste Sozialisation, die beste Hundeschule und die besten Trainer werden dieses Verhalten nicht löschen, denn es ist genetisch festgeschrieben und wird im Lauf des Erwachsenwerdens nach und nach verstärkt gezeigt. Für solche Hunde ist es wichtig, die Rahmenbedingungen so zu gestalten, dass sie ihrer Art entsprechend leben können, also mit Freiraum, heißt Haus und Garten, und unter Umständen sollten sie durch Türen oder Zäune von Besuchern ferngehalten werden können. Therapien wegen ängstlichem Verhalten oder „Schönfüttern" durch die Gäste bringen langfristig keine durchschlagenden Erfolge.

Hunde aus Osteuropa

Schauen wir nach Osteuropa, sieht das Hundebild ganz anders aus. In jüngster Zeit kommen vermehrt osteuropäische Hunde, bei denen sehr genau unterschieden werden muss: Ist der Hund misstrauisch, ängstlich, scheu, schüchtern oder hat er Angst?

Diese Hunde haben die genetische Veranlagung, misstrauisch gegenüber Fremden zu sein und bei Annäherung mit defensiver Aggression zu reagieren. Auch das wird leider häufig mit Angstaggression verwechselt und es werden traumatische Erlebnisse hineininterpretiert. Und egal wie groß der Hund ist, wir sprechen hier von Herdenschutzhunden, die das tun, wofür sie seit vielen Generationen gehalten werden: Bewachen des Grundstücks und Beschützen ihrer Menschen. Dafür wurden und werden dort die meisten Hunde gehalten. Es sind meist kleinere bis mittelgroße Hunde, 40 bis 50 cm groß. Sie sind keiner Rasse zugehörig, sondern sehen meist eher zufällig irgendwelchen Rassen ähnlich. Es sind einfach bunte Hunde, die es schon lange vor den Rassen gab. Sie haben sogenannte Schläge entwickelt, sodass man rein optisch oft sehen kann, woher der Hund stammt. Schläge sind Hunde, die sich aufgrund von natürlicher oder züchterischer Selektion in Optik und Verhalten ähneln.

Diese kleineren Hunde sind leichtfuttrig zu halten, bellen gern und bewachen zuverlässig Hab und Gut. Viele davon können den Besitz vor Besuchern auch mit den Zähnen verteidigen. Jeder Besitzer im

Herkunftsland würde dann von einem „guten“ Hund sprechen. Kommen diese Hunde nach Deutschland in eine Wohnung, tun sie auch dort das, was ihre Genetik ihnen vorgibt. Sie beschützen ihr Umfeld. Unwissende Hundetrainer und Hundehalter mühen sich jahrelang ab, diesen Hunden das angeborene Verhalten wegzuerziehen. Meist mit wenig oder mäßigem Erfolg. Auch diesen Hunden wird das natürliche Misstrauen als Angst fehlgedeutet, und übliche Trainingsansätze greifen nicht.

In Osteuropa gibt es viele Schafherden und entsprechend viele Herdenschutzhund-Rassen oder solche, die ernsthaft Grundstücke bewachen. Egal aus welchem Land, sie sehen sich oft recht ähnlich und zeigen ähnliche Verhaltensweisen. Diese Hunde sollen die Schafherden vor Prädatoren, vor allem Wölfen und Bären, schützen. Dazu gehört eine große Portion Mut. Rückzug ist für sie keine Option. Sie zeigen Meideverhalten, um an anderer Stelle wieder anzugreifen. Auch Menschen gegenüber zeigen sie oft dieses Verhalten – ganz ursprünglich und dort so gewollt. Diese Hunde bewachen oft auch sich selbst überlassene große Grundstücke zuverlässig.

Fatal sind Beschreibungen mancher Importvereine, die solche Hunde aufnehmen und als arme misshandelte Kreaturen beschreiben, die nur Angst haben und Liebe brauchen. Schwerste Beißvorfälle später werden diese Hunde dann in Deutschland euthanasiert oder fristen ihr Leben in Tierheimzwingern ohne Außenkontakt.

Wenn man sich einen solchen Hund wirklich zulegen sollte, muss man ganz genau schauen, ob man ihn sich mit all seinen Eigenschaften auch zutrauen und leisten kann. Und selbst wenn die Bilder noch so schrecklich sind, die Geschichten noch so tragisch, Mitleid ist da ein schlechter Ratgeber. Auch diese Hunde sind Individuen, und es gibt sicherlich alle möglichen Temperamente und Charaktere darunter, auch die freundlichen, fremden Menschen zugewandten Exemplare. Doch die Gefahr ist groß, einen ursprünglichen Hund zu erwischen, auf den jeder Osteuropäer stolz wäre, aber der bei uns mit seinem Verhalten als eher gefährlich eingeschätzt werden würde. Mit Geduld und Liebe werden sie nicht umgänglicher, und da sie in der Regel keine Angst haben, werden auch bei diesen Hunden die meisten Therapieversuche misslingen.

Wir stellen also fest, dass es viele Auslandshunde gibt, die Verhalten zeigen, das auf den ersten Blick als ängstlich eingeschätzt werden könnte. Im zweiten Schritt, nach Einschätzung von Rasse und Herkunftsland, wäre zu schauen, was der Hund so mit sich bringt. Wie ist seine Körpersprache? In welchen Situationen zeigt der Hund diese Körpersprache? Ist es der Mensch allgemein, vor dem der Hund sich fürchtet? Ist es nur das Anfassen? Oder ist es das komplette neue Lebensumfeld, was ihn erstarren lässt? Oft sind diese Hunde, die im städtischen Umfeld zur Welt kamen, umweltsicher und kämen ohne Menschen und Leine wunderbar bei uns zurecht. Oder sind sie isoliert irgendwo im Shelter aufgewachsen und kennen als Lebensraum nur einen Zwinger und andere Hunde? Für diese Hunde ist das Leben in der Stadt möglicherweise dann die Hölle.

Wenn man also Herkunftsland, Rasse und Verhalten gemeinsam beurteilt, kann man überlegen, welche Maßnahmen zu ergreifen sind, um dem Hund das Leben bei uns zu erleichtern. Das könnte durchaus ein anderes Lebensumfeld sein, mit mehr Selbstständigkeit und Freiheit, z. B. ein eigener Garten, in den man sich als Hund zurückziehen kann und tun, was Hunde so tun. Bellen. Viele dieser Hunde bellen sehr viel, denn sie melden zuverlässig alles, was sich auf die Wohnung zubewegt, aber nicht aus Angst! Doch das wird den geretteten Hunden bei allem Verständnis leider nicht zugestanden; sie sollen sich wegen der Nachbarn ruhig verhalten.

Erfahrungen im Herkunftsland

Auslandshunde bringen oft auch ein Päckchen negativer Erfahrungen mit, die sie im Verhalten beeinflussen. Oft war es gar nicht der Hund selbst, sondern seine Mutter oder Vorfahren der Mutter, die sein Verhalten prägen. Wir sprechen von Epigenetik (siehe S. 91 ff.).

Straßenhunde, die seit Generationen scheu den Menschen meiden, zeigen diese Scheu auch, wenn sie in liebevoller menschlicher Obhut geboren wurden. Dagegen können Welpen, die frei ohne Menschen geboren und die ersten Wochen aufgewachsen sind, sich oft sehr schnell dem Menschen anschließen, wenn sie mit ihm in Kontakt kommen. Das sind Welpen von Hunden, die eng mit Menschen zusammen gelebt haben und diesen Vorschuss an Vertrauen ihren Kindern mit auf den Weg geben. Es ist dem kleinen ängstlichen Hundebündel leider nicht anzusehen, aus welchem Lebensbild seine Hundefamilie kam. Erst in der Arbeit mit dem Hund, im Zusammenleben und in Alltagssituationen zeigt sich dann der vermutlich genetische Ursprung der Scheu.

Einfluss der Mutterhündin

Die Hundemütter geben ihren Kindern allerdings noch mehr mit auf den Weg. Wenn es resiliente, stabile, umweltangepasste Hunde sind, werden ihre Kinder sich schneller in der neuen Umwelt zurechtfinden als Welpen, deren Mutter verschreckt traumatische Erlebnisse hatte, ob vor oder während der Trächtigkeit. All das kann sich auf die Kinder auswirken.

Sind die Kleinen dann auf der Welt, kommt es maßgeblich auch darauf an, welch ein Vorbild die Mutter sein kann. Zeigt die Mutter viel Meide- oder gar Fluchtverhalten, dann werden die Kleinen ebenfalls bald weglaufen und die Begegnung als Gefahr abspeichern.

Hat die Hundemutter die ersten Monate aber mit wohlwollenden Menschen verbracht, so wird sie mit ihren Kindern offen darauf zugehen und die Kleinen erfahren früh, dass von Menschen eher keine Gefahr ausgeht. Dies bedeutet aber nicht, dass sie sich selbstverständlich anfassen lassen. Auch das müssen sie erst einmal als angenehm abspeichern, um es später zulassen zu können.

Leben im Shelter

Viele Auslandshunde kommen aus sogenannten Sheltern, das sind letztendlich Tierheime vor Ort. Es gibt wundervoll, gut geführte Heime, wo es den Hunden besser geht als in manchem deutschen Tierheim. Doch es gibt auch die anderen, in denen die Hunde auf engstem Raum viel Aggression und Rivalität erleben. Ihr Leben ist gezeichnet von Kampf und Durchsetzung. Es ist verständlich, wenn Hunde bei uns dem guten Leben erst mal misstrauen oder alles für sie Wichtige verteidigen. Sie haben eine Gratwanderung zwischen Misstrauen und schlechten Erfahrungen hinter sich, was ihr neuer Halter auffangen muss.

Es gibt leider immer wieder Menschen, die Tiere misshandeln und quälen. Es ist eine relativ geringe Anzahl von Hunden, die dies überleben und zu uns gerettet werden. Hatten solche Hunde eine gewaltfreie Jugendzeit, so nehmen sie solche traumatischen Erlebnisse nicht zwangsläufig in ihr neues Leben bei uns mit. Sie können klar unterscheiden, dass es böse Individuen gibt, dass aber nicht alle so sind. Und doch gibt es auch die Hunde, die ihr Leben lang dieses Trauma begleitet. Sie können, wie auch wir, Flashbacks erleben oder bestimmte Situationen kaum aushalten und bedürfen besonderer Fürsorge. Diese Fürsorge betrifft allerdings nicht den Alltag. Diese Hunde möchten außerhalb des Traumas ein weitgehend freies, fröhliches Leben führen und nicht auf ihre Angststörung reduziert werden als armer Hund, der mit Mitleid überschüttet wird und ständige Rücksichtnahme erfährt und dadurch oft eine mangelnde Erziehung erhält.

Wir müssen bei Hunden aus dem Tierschutz also Herkunftsland, Rassezugehörigkeit, Kinderstube, Erfahrungen und, falls bekannt, auch das Trauma berücksichtigen, um diese Hunde wirklich in ihrem Verhalten beurteilen zu können.

Das klingt dramatisch und doch fallen die meisten Hunde gar nicht auf und kommen in unserem Leben wunderbar zurecht. Bei allen anderen ist klar zu unterscheiden, ob es wirklich Angst ist, unter der der Hund leidet, oder ob er herkunftsbedingt einfach Misstrauen zeigt. Der Ansatz der Arbeit mit diesen Hunden ist nämlich dadurch sehr unterschiedlich.

TEIL IV – Symptome und häufige Problematiken

KAPITEL 7

Häufige Angstproblematiken

Wir wissen nun, dass die Körpersprache der Hunde Fell, Körperhaltung, Extremitäten, Augen, Ohren, Mimik, Geruch und selbst Speicheln beinhalten kann. So wird es schwer, die Emotion hinter dem Verhalten des Hundes zu erkennen. Kaum jemand kennt sich damit aus und kaum jemand macht sich leider die Mühe, den Hund wirklich zu verstehen. So kommt es dann zu folgenden Aussagen: Klemmt der Hund die Rute, hat er Angst. Legt er die Ohren an, hat er Angst, zögert oder meidet der Hund, auch dann hat er Angst. Entsprechend wird bei den Hunden in vielen Alltagssituationen von Angst gesprochen. Und da die Menschen bei Angst Rücksicht nehmen, zeichnet sich das Drama im Zusammenleben schon ab.

Situationen im Alltag

Typische und häufige „Hundeängste“, von denen Menschen sprechen, kommen in entsprechenden Alltagssituationen vor, in denen sich der Hund verweigert. So wird oft von der „Angst vor dem Autofahren“

gesprochen, obwohl sich kaum jemand die Mühe macht zu hinterfragen, was der Hund nun wirklich meidet. Ist das Auto selbst das Problem, das Einsteigen, ist er vielleicht geräuschempfindlich oder wird ihm gar schlecht? Für insbesondere Hütehunde könnte die schnelle Abfolge der Bilder während der Fahrt zu einer Reizüberflutung führen.

Eine weitere häufig beschriebene Angst, gerade bei Tierschutzhunden, ist die „Angst vor Fremden", vor allem vor Männern. Auch hier müsste viel mehr differenziert werden, um zu beurteilen, was den Hund beunruhigt. Diese Hunde haben oftmals auch Angst vor Leine oder Halsband.

Eine nachvollziehbare Problematik, bei der es sich tatsächlich um echte Angst handeln kann, ist die Angst vor lauten Geräuschen, z. B. einem Knall, einem Zug, einer Straßenbahn und vor allem vor Gewitter.

Bei der Trennungsangst, wie es gern beschrieben wird, gibt es vielerlei Ursachen und Auswirkungen, die berücksichtigt werden müssen, um dem Hund zu helfen.

Auch die Treppenangst wird gern beschrieben und doch hat sie selten mit Angst zu tun.

Natürlich gibt es unter all den Alltagssituationen auch echte Angst, doch glücklicherweise für unsere Hunde weniger als vermutet. Es sind oft theatralische Meidestrategien vor belebter oder unbelebter Umwelt, was den Hund gerade ängstigt oder was er schlichtweg nicht kennt.

Grundsätzlich bedeutet ein „Sich-klein- oder -rund-Machen", ein Zurückweichen, Abwenden, die Ohren bzw. die Lefzen zurückziehen, die Rute einklemmen oder deutlich nach unten nehmen, dass sich der Hund – zumindest gerade – unwohl fühlt.

Ob der Hund aber „Angst“ hat oder ob er verunsichert ist, sich bedroht fühlt oder misstrauisch ist, kann man aus der Körpersprache allein nicht auf Anhieb ablesen. Es gehört der Blick dazu, die Situation, der Kontext. Man muss sich für die Arbeit mit diesen Hunden unbedingt die Mühe machen, genau zu unterscheiden, um das aktuelle Verhalten beurteilen zu können. Schaubilder können dies nicht abbilden!

Meiden von Angstauslösern

Angstproblematiken entstehen und behindern das Leben der Hunde. Es gibt verschiedene ursächliche Erklärungen für unnatürliche Angst.

Verhaltenstherapeutische Ansätze gehen von Erfahrungen und erlernter Angst aus. Dabei steht vor allen Dingen die Aufrechterhaltung von Ängsten durch Meideverhalten im Fokus. **Einen Angstauslöser erfolgreich zu meiden, zu flüchten und sich nicht mit ihm auseinanderzusetzen, sorgt kurzfristig für Erleichterung und ist stark belohnend**. Daher wird es öfter gezeigt. **Als Folge gibt es keine Auseinandersetzung mit den bestehenden Ängsten und sie bleiben bestehen.** Das Meideverhalten kann auch durch soziale Lernprozesse gefördert und aufrechterhalten werden, selbst wenn das Individuum keine schlechten Erfahrungen mit einem Auslöser gemacht hat.

Neurobiologische Erklärungen für Angst befassen sich damit, dass bestimmte genetische Dispositionen abnormales Angstverhalten bedingen können und dass das Nervensystem von permanent unter Stress stehenden Hunden heftiger und schneller auf Stressreize reagiert und so Angstreaktionen auslöst. So reagieren z. B. verschiedene Hütehunde tendenziell sensibler auf Geräusche.

Auslöser für Angstreaktionen sind vielfältig und können Lebewesen, Gegenstände, Geräusche, Gerüche und Situationen sein. Oft treten mehrere Auslöser gleichzeitig auf. Um es zu vereinfachen, unterscheiden wir hier nicht mehr zwischen Furcht und Angst, sondern sprechen von unnatürlicher oder abnormaler Angst, wenn ein Hund auf eine ungefährliche Situation mit starken Stressanzeichen reagiert, wie eingezogener Schwanz, geduckte Haltung, weit aufgerissene Augen und Flucht.

Unsicherheit in unbekannten Situationen oder vorübergehendes Misstrauen gegenüber unbekannten Personen oder fremden Hunden ist Normalverhalten. Tatsächlich wäre das völlige Fehlen von Furcht ein unnatürliches Verhalten. Unnatürlich oder pathologisch ist Unsicherheit und Misstrauen erst, wenn der Hund nicht in der Lage ist, sich mit der Situation auseinanderzusetzen, die Situation einzuordnen und zu bewerten oder, ohne eine entsprechende Strategie zu entwickeln, mit der Situation umzugehen. Wenn sich die Unsicherheit oder das Misstrauen steigert oder in Angst übergeht und der Hund nicht mehr herausfindet, spricht man von unnatürlichem Angstverhalten.

Geräusche

Laute Geräusche – für Hunde oft unbekannt und nicht zuzuordnen – führen bei ihnen zu einer Schreckreaktion. Kann der Hund nach dem Schreck jedoch schnell wieder entspannen, ist alles normal.

Es gibt aber Hunde, die das Geräusch nicht einordnen können und langfristig in einem angespannten Zustand bleiben. Das kann so weit gehen, dass sich eine Schreckhaftigkeit und erhöhte Reaktivität auf laute Geräusche entwickelt. Trainierbar ist die Reaktion auf Geräusche nur bedingt. Es gibt Hunde, die aufgrund ihrer Genetik stärker auf Geräusche reagieren. Manche Hütehundrassen werden in der Arbeit an den Schafen durch Pfiffe vom Schäfer gelenkt und angeleitet, daher ist eine hohe Reaktivität auf Töne bei diesen Rassen gewollt und wurde in der Zucht gefördert. Leider führt dies bei Hunden mit dieser Genetik, die nicht an Schafen, sondern im Alltag mit all den vielen Geräuschen und Tönen geführt werden, manchmal zu einer Überempfindlichkeit, die sich bis zur Angst steigern kann.

Gewöhnung an Geräusche

Die Gewöhnung an laute und fremde Geräusche sollte bei allen Hunden schon früh beginnen. Die Welpen werden im besten Fall mit den bei uns vorkommenden Umweltgeräuschen wie Staubsauger, Föhn, Autos, Radio und vieles mehr durch ständige Wiederholung im Hintergrund daran gewöhnt. Der Lernprozess dabei ist **Habituation**. Wird der Welpe leise mit verschiedenen Geräuschen vertraut gemacht, wird er dies auch auf für ihn fremde Geräusche übertragen. Das heißt, er reagiert später auch weniger auf für ihn fremde Geräusche.

Für Jagdhunde beginnt diese Habituation auf Knall- und Schussgeräusche bereits in jungem Alter. Bei einer Gewöhnung an laute Geräusche und schließlich Schüsse muss behutsam vorgegangen werden und die Steigerung der Geräusche immer an die Reaktion des Hundes angepasst werden, eine Panik muss hier unbedingt vermieden werden. Und doch entwickeln manche Hunde eine sogenannte Schussangst und können dementsprechend nur noch bedingt für die Jagd eingesetzt werden.

Zeigt ein Hund heftige Reaktionen auf einen Schuss, ist es oft schwer bis unmöglich, ihn noch einmal so weit an diese Knallgeräusche zu gewöhnen, dass er zuverlässig arbeiten kann. Die Gefahr dabei ist, dass er generalisiert auch auf verschiedene andere Geräusche ängstlich reagiert. Ein gangbarer Weg ist die Gegenkonditionierung, doch ist sie hier nur bedingt erfolgreich. In diesen Fällen kann Vermeidung durchaus der einzige sinnvolle Weg sein.

Habituationstraining und eine Gewöhnung an angsteinflößende Reize können nur erfolgreich sein, wenn der Hund den Reiz nicht als aversiv empfindet. Bei Reizen, die als aversiv empfunden werden – meist handelt es sich um plötzlich auftretende laute Geräusche oder Gerüche und der Hund erschrickt heftig –, kann eine weitere Konfrontation eine Steigerung der Reaktion zur Folge haben!

Gewitter und Feuerwerk

Reagiert ein Hund mit Angst vor Gewitter, also oft auf Blitz und Donner, wird es schwer, ihn daran zu gewöhnen. Ein möglicher Ansatz, der bei vielen anderen Alltagsgeräuschen erfolgreich eingesetzt werden kann, wäre, diese Töne leise im Hintergrund in Dauerschleife abzuspielen, während der Hund mit anderen Dingen des Alltags beschäftigt wird. Oder es wird gezielt, in Form von Gegenkonditionierung, Beschäftigung oder Entspannung, angeboten. Gegenkonditionierung von Gewittergeräusche funktioniert nur bedingt, da die Hunde meist bei Gewitter nicht nur auf die Geräusche reagieren, sondern bereits auf die Spannung in der Luft. Bei Feuerwerk ist es etwas anderes, hier kann eine Gegenkonditionierung erfolgreich sein. Man kann dabei, wie schon beschrieben, leise die Feuerwerksgeräusche abspielen und den Hund dabei z. B. gleichzeitig füttern oder mit ihm spielen. Die Lautstärke wird langsam gesteigert. Auch die Verknüpfung mit anderen vom Hund als angenehem emfpundenen und stresslindernde Aktivitäten kann für eine Gegenkonditionierung verwendet werden.

Geruchskonditionierung zur Entspannung

Bei Hunden, die kein Futter nehmen oder spielfaul sind, kann man eine Geruchskonditionierung zur Entspannung einsetzen. Dafür wird ein bestimmter Geruch mit Entspannung verknüpft, indem man diesen Geruch immer in entspannten Situationen präsentiert, z. B. abends beim Einschlafen oder beim entspannten Kuscheln auf dem Sofa. Es gibt bestimmte Gerüche wie z. B. Kamille, Lavendel oder Rose, die sich besonders eignen. Später, wenn der Geruch konditioniert ist, kann er in der Therapie unterstützend eingesetzt werden und dem Hund helfen, trotz unangenehmer Geräusche zu entspannen.

Sicherer Rückzugsort

Bei starker Gewitterangst kann es helfen, sich mit dem Hund drinnen aufzuhalten und ihm einen Rückzugsort einzurichten. Oft nimmt der Hund eine Art Höhle, in der er von oben geschützt ist an, oder er findet Sicherheit bei seinem Menschen. Für wilde Tiere macht es durchaus Sinn, sich bei Gewitter an einem geschützten Ort zu verkriechen, vielleicht ist Schutzsuchen bei Gewitter auch bei manchen unserer Hunde noch genetisch verankert, wie die angeborene Reaktion auf manche Geräusche, z. B. der Zischlaut von Schlangen. Einen Hund mit dieser Angstproblematik während eines Gewitters mit auf einen Spaziergang zu nehmen, kann zur Verstärkung der Angst führen. Gewöhnung findet in diesen Fällen leider nur selten statt.

Kosten-Nutzen-Rechnung

Es empfiehlt sich, bei Trainingsformen gegen die Angst eine Kosten-Nutzen-Rechnung aufzustellen. Rechtfertigen der Stress und zeitliche Aufwand beim Training das Ergebnis? Die Überlegung wäre, wann und wie oft kommt es zu dieser Reizkonfrontation? Inwieweit kann man sie vielleicht vermeiden? Oder ist eine andere Herangehensweise sinnvoller?

Beispielhaft sollte überlegt werden, ob es sinnvoll ist, den Hund im Rahmen einer Gegenkonditionierung das ganze Jahr mit dem angstauslösenden Reiz zu konfrontieren, wenn er nur einmal im Jahr an Silvester mit Feuerwerk konfrontiert wird. Für manche Hunde ist es sinnvoll und sie verlieren tatsächlich die Angst vor der Silvesterknallerei. Für alle anderen wäre es hilfreicher, an Silvester andere Umweltgeräusche oder beruhigende Musik laufen zu lassen und es sich mit dem Hund gemeinsam auf dem Sofa oder unter einer Decke gemütlich zu machen. Die eigene entspannte Stimmung ist dabei wichtig. Vorsicht: Bitte auf das Programm achten, damit es nicht um Mitternacht auch im Radio oder Fernseher ballert!

Wenn selbst das alles nicht hilft, empfiehlt es sich, im Folgejahr zu verreisen oder zumindest mit dem Auto und mit Musik dort hinzufahren, wo der Hund diese paar Stunden im Jahr besser aushalten kann.

Eierlikör

Auf die Gefahr hin, dass nun an dieser Stelle viele NEIN schreien, wissen wir doch aus langjähriger Erfahrung, dass an Silvester vielen Hunden geholfen ist, wenn sie um 20 Uhr und um 23.30 Uhr jeweils ein halbes Schnapsgläschen Eierlikör bekommen. Das wird von Hunden wunderbar vertragen, hilft prompt und entspannt die meisten Hunde gut.

Bei Gewitter oder bei Feuerwerk sollten Hunde, die mit Angst reagieren, bei jedem noch so kurzen Gassigang gut gesichert sein. Bei dieser Form von Angst rennen die Hunde oft ohne Wahrnehmung der Umwelt einfach los und kommen möglicherweise zu Schaden! Sie rennen oft kopf- und ziellos mehrere Kilometer weg. Weil dieses Fluchtverhalten oft unterschätzt wird, kommen zu Silvester trotz Warnungen alljährlich zahlreiche Hunde zu Tode.

Staubsauger

Es gibt Hunde, die Angst vor dem Geräusch des Staubsaugers zeigen. Dass Staubsaugen zum Leben im Haus dazugehört, können fast alle Hunde lernen. Dass ein solches „Gerät" für manche Hunde zunächst gruselig ist, kann sicher jeder nachvollziehen. Ein Staubsauger ist laut und taucht plötzlich auf, er bewegt sich überallhin und mit Sicherheit auch mal in Richtung des Hundes. Dass manche Hunde der Meinung sind, das Ding vertreiben zu müssen, weil es nichts in seinem Zuhause zu suchen hat und nur Unruhe und Lärm verbreitet, kann man dem Hund zunächst nicht verübeln. Trotzdem muss Staub gesaugt werden, das verstehen wir Menschen, die Hunde nicht. Möchte man den Hund an den Staubsauger gewöhnen, sollte man zuerst mal das Verhalten des Hundes einordnen.

Hat der Hund wirklich Angst? Dann wird er sich verkriechen, panisch weglaufen, mit eingeklemmter Rute und in geduckter Körperhaltung. Der Hund wird versuchen, den Abstand zwischen sich und dem Staubsauger zu vergrößern. Ein Angriff oder Anbellen wird nur dann erfolgen, wenn der Hund keinen Ausweg mehr sieht und sich in die Ecke gedrängt fühlt.

Oder findet der Hund den Staubsauger vielleicht überflüssig und möchte ihn aus seinem Zuhause vertreiben? Die Körperhaltung ist dann eine ganz andere, der Staubsauger wird angeknurrt, angebellt und vielleicht sogar angegriffen. Der Hund bewegt sich auf das Objekt seines Missfallens zu.

Verhalten ist nie starr, es gibt auch den Fall, dass der Hund den Staubsauger sehr gruselig findet, aber schon die Erfahrung gemacht hat, dass er Dinge vertreiben kann. Dann wird er zwischen geducktem Weglaufen und Angriff wechseln. Hier zeigt sich wieder, dass es wichtig ist, sehr genau auf die Körpersprache und den Kontext zu achten, um für den Hund sinnvoll agieren zu können.

Gewöhnung an den Staubsauger

Eine Gewöhnung an den Staubsauger hat wie jedes Habituationstraining zum Ziel, dass der Staubsauger einfach als etwas, das zum Leben dazugehört, wahrgenommen wird. Wir wollen keine Reaktion des Hundes auf den Staubsauger, weder Flucht noch Angriff. Der Hund muss es zunächst aushalten, dass gesaugt wird, später dann lernt er sich zu entspannen. Wenn man den Hund in ein anderes Zimmer sperrt, um zu saugen, weiß er doch, dass das Ding da ist und lärmend durch die Wohnung fährt, und das macht ihm jedes Mal unnötigen Stress. Und nur Staubsaugen, wenn der Hund aus dem Haus ist, ist auch keine Lösung.

Hat der Hund wirklich Angst vor dem Staubsauger, dann kann man im Habituationstraining mit gestufter Reizkonfrontation arbeiten. Dazu wird das Gerät zunächst bewegt, ohne es anzuschalten. Später wird es angeschaltet, aber nicht bewegt, während man etwas anderes macht. Man steigert die Konfrontation also langsam. Erst wird nur kurz gesaugt und mit weitem Abstand zum Hund. Danach wird der Anstand so weit verringert, dass der Hund es gut aushalten kann. Wichtig ist, kein Aufhebens um den Staubsauger oder die Tätigkeit zu machen. Es muss ganz nebenbei passieren. Wenn eine Person saugt, könnte eine zweite sich mit dem Hund beschäftigen. Wenn er sich in seinem Körbchen wohl fühlt, kann er auch von dort beobachten. Wichtig dabei ist, dass der Hund nicht unruhig hin und her läuft, daher ist Flucht nicht erlaubt. Flieht er aus dem Körbchen sollte man ihn unaufgeregt zurückbringen; will er vom Menschen fliehen, wird er ruhig festgehalten.

Die Stimmung muss entspannt sein und die Situation darf nicht überbewertet werden – schließlich ist es nur ein Staubsauger, auch wenn der Hund meint, es sei ein Ungeheuer. Je entspannter und alltäglicher die Situation von uns gestaltet wird, umso leichter wird es dem Hund fallen, sich daran zu gewöhnen. Direktes „Auf-den-Hund-Zufahren" sollte man am Anfang auf alle Fälle vermeiden. Nach und nach kann man die Distanz verringern, dabei bietet es sich immer an, dass der Mensch sich mit dem Hund nähert und nicht der Staubsauger auf den Hund zufährt.

Hat der Hund keine Angst, sondern findet den Staubsauger gruselig und möchte ihn vertreiben, sollte man das unterbinden. Die Info an den Hund ist: „Der Staubsauger gehört dazu und wird von Dir nicht angegriffen – das ist verboten." Wie Verbote ausgesprochen und durchgesetzt werden, ist ganz individuell und hängt von der Persönlichkeit des Hundes und seines Menschen und den gemeinsam gemachten Erfahrungen ab.

Faktor Mensch

Hunde und Menschen leben seit tausenden von Jahren eng zusammen. Hunde begleiten uns überallhin, sind Teil unserer Familie und unseres Lebens.

Die Beziehung, die Hunde mit Menschen eingehen, ist einzigartig. In allen Ecken der Welt leben Hunde unter den unterschiedlichsten Lebensbedingungen mit Menschen zusammen. Sie sind extrem anpassungsfähig, sie kommunizieren mit dem Menschen, verstehen ihn, nehmen dessen Stimmung auf und tragen zum Wohlbefinden vieler Menschen bei. Das kennt jeder: Spielende Hunde, Welpen, die die Welt entdecken, hinterlassen ein gutes Gefühl und verbreiten Freude. *„Wir sind so etwas wie eine Orientierungsgrundlage für die Stimmung und das Verhalten unserer Hunde, mit denen uns ja auch besondere Zuneigungen (individuelle Beziehungen) verbinden. Das kennen Menschen, die mit Hunden leben, und es ist wissenschaftlich belegbar"* (Feddersen-Petersen, 2008).

Mehr noch, Hunde erleichtern Menschen das Leben, indem sie mit ihnen arbeiten, jagen oder Haus und Hof bewachen. Hunde haben seit jeher Herden gehütet und beschützt und Schlitten gezogen, und sie tun das bis heute. Die Polizei und der Zoll nutzen Hunde, um Drogen aufzuspüren oder als Schutzhunde, auch beim Militär werden Hunde eingesetzt. Leider gab und gibt es auch immer noch Hunde, die für Hundekämpfe missbraucht werden. Es gab reine Arbeitshunde, und schon immer gab es auch den Begleithund oder Schoßhund, der keine weiteren Aufgaben hatte, als den Menschen durchs Leben zu begleiten.

Hunde waren früher Begleiter des Menschen, heute ist es meist umgekehrt. Der Mensch tut alles für seinen Hund, dieser wird zu seinem Lebensmittelpunkt. Er wird beschäftigt, bespaßt, umsorgt und verwöhnt. Im Gegenzug erwarten Menschen oft Dankbarkeit. Das ist aus unserer menschlichen Sicht heraus verständlich, denn wir wünschen uns einen glücklichen Hund und wollen alles dafür tun. Für Hunde ist diese Haltung nicht nachvollziehbar; die oft vollständige und immerwährende Aufmerksamkeit und Sorge der Halter überfordert sie. Sie fühlen sich fortwährend „angesprochen“, es entsteht eine Erwartungshaltung, die die Hunde nicht zur Ruhe kommen lässt und zu Stress und Überforderung führt, bis hin zu krankhaftem Verhalten.

Helfen wollen vs. helfen können

Heute machen es sich manche Menschen auch zur großen Lebensaufgabe, Hunde zu retten. Das ist wichtig und gut, solange die Hunde für und mit dem Menschen leben und nicht der Mensch ausschließlich nur noch für die Hunde lebt und damit sich selbst und die Hunde überbelastet.

Aus Empathie werden dabei auch Hunde mit Angststörungen adoptiert. Gerade diese Hunde brauchen einen sehr stabilen Menschen an ihrer Seite. Doch leider fühlen sich oft Menschen zu diesen Hunden hingezogen, die sich in die Angst hineinversetzen, die selbst solche Stimmungen kennen und hoffen, den Hunden helfen zu können. Gleiches zieht sich an – doch in diesem Fall ziehen sich Mensch und Hund meist weiter in den Abgrund. Sie fühlen ähnlich und bestätigen sich gegenseitig.

Außerdem wird ein Hund, der Angst zeigt, schnell bemitleidet. Die Halter sind verzweifelt und leiden, wenn sie dieses Häufchen Elend sehen. Oft haben sie selbst schon Angst vor dem angstauslösenden Reiz. Das kann ein entgegenkommender Mensch, ein Auto oder sonst irgendetwas sein. So entsteht ein Kreislauf der Angst, der schwer zu unterbrechen ist.

Es kann aber auch anders sein, denn mit einem solchen Hund zu arbeiten und ihn aus seiner Angst zu begleiten, kann bereichernd sein. Es gibt Menschen, die über sich hinausgewachsen sind, weil sie wissen: *„Das braucht mein Hund von mir.“* Ein Beispiel dafür ist eine Frau, die ins Training kam. Bereits auf dem ersten Spaziergang mit dem Pflegehund, der starke Angst und Fluchtverhalten in Gegenwart fremder Menschen zeigte, führte sie ihn mit aufrechter Körperhaltung und sicherem Schritt an den Menschen vorbei, der Hund folgte ihr, ohne zu zögern. Dabei erzählte sie von ihren eigenen psychischen Problemen und Panikattacken in Gegenwart fremder Menschen. Es war faszinierend, die beiden zu begleiten und zu erleben, wie entspannt und mit guter Stimmung die Frau diese für sie extrem schwere Aufgabe meisterte. *„Ich kann das nur mit ihm (dem Hund) und für ihn“*, sagte sie und meinte damit, auf der Straße an Menschen vorbeizugehen, ohne Panik zu bekommen.

Als Hunde Aufgaben zu erfüllen hatten, war klar, dass der Mensch ihnen diese zuteilt. Er traf damit Entscheidungen und machte Vorgaben, wie sich der Hund zu verhalten hatte. Heute übergeben Menschen ihren Hunden – ohne es zu merken – oft die Verantwortung im Zusammenleben, selbst Entscheidungen zu treffen. Doch kommt einem unsicheren Hund ein Mensch oder ein Hund entgegen, so stellt sich für ihn die Frage, ob dieser Mensch oder Hund als gefährlich einzustufen ist oder nicht. Besonders ängstliche Hunde sind damit schlichtweg überfordert.

Das Helfersyndrom

Einen Angsthund aus dem Tierschutz zu sich zu nehmen, ist eine große Aufgabe für den neuen Halter. Der Hund muss behütet, es muss mit ihm gearbeitet und er muss aus der Angst herausgeführt werden. Es gibt Menschen, für die wird solch ein Hund zur Lebensaufgabe. Das ist erst einmal nichts Schlechtes – einem Lebewesen ein neues Leben zu schenken, kann sehr bereichernd für das eigene Leben sein. Wenn aber das Helfen an sich und das „Gebrauchtwerden" zur Sucht werden, dann ist eine Balance nicht mehr gegeben und negative Auswirkungen auf die Beziehung bleiben nicht aus.

Wir kennen das Helfersyndrom aus der Psychologie. **Als Helfersyndrom bezeichnet man negative Auswirkungen auf den Helfenden.** Der Psychoanalytiker Wolfgang Schmidbauer hat diese Störung der „übermäßigen Hilfe" 1977 in seinem Buch „Die hilflosen Helfer" beschrieben.

Die Hilfsbereitschaft geht bei diesen Menschen bis zur Selbstschädigung und Vernachlässigung von sozialen Kontakten. Oft wird die Frage, wie sinnvoll und nützlich die „Hilfe" ist, ausgeblendet. Aus diesem Grund ist es wichtig, sich bei der Arbeit mit ängstlichen oder Angsthunden immer zu fragen, was die Motivation für die Hilfe ist und ob die Balance zwischen Geben und Nehmen gegeben ist. *„Verliert der Helfende über seinem eigenen Bedürfnis des Helfen-Wollens das Bedürfnis des Anderen, wie auch seine eigenen Wünsche, Ziele und körperlichen Grenzen aus dem Blick und hilft vor allem deshalb, um die eigene Person aufzuwerten, wird sein Helfen pathologisch"* (Schmidtbauer, 1977).

Hunde beobachten ihre Menschen sehr genau! Ein Mensch, der die falschen Motive hat, wird einem Angsthund nicht helfen können.

Empathie und Abgrenzung

Empathie ist grundsätzlich etwas Gutes. Ein Mensch, der sich in die Angst der Hunde hineinversetzen kann, ohne selbst diesen Zustand zu übernehmen, hat die optimalen Voraussetzungen für die Arbeit mit Angsthunden. Menschen und Hunde leben oft in einer symbiotischen Partnerschaft. Bei Angsthunden ist es notwendig, sich abgrenzen zu können, um dem Hund eine Welt ohne Ängste zeigen zu können.

Kursbeispiel: Treppen

Wir hatten ein Stadttraining und als Abschluss sollten alle Teilnehmer mit ihren Hunden eine Parkhaustreppe laufen. Eine Teilnehmerin hatte die Treppe schon vor dem Training benutzt, um zum Treffpunkt zu kommen. Sie hatte oben geparkt und der Weg ging über die offene Treppe vom ersten Stock zum Erdgeschoss.

„Das macht Vera nicht", sagte Bertram, einer der Teilnehmer. *„Meiner kann so was auch überhaupt nicht – eine offene Treppe –, der bockt wie ein Pferd und ich kann ihn dann nicht halten"*, meinte eine andere Teilnehmerin.

Also haben wir erst einmal erklärt, warum wir diese Übung machen: *„Erstens hatte wir einmal eine lange, offene Stahltreppe, die zur Ferienwohnung führte. Die mussten wir hinauflaufen, alternativ hätten wir mit drei Hunden im Winter im Auto schlafen müssen. Es ist also gut, so etwas zu üben, bevor es notwendig wird. Außerdem werdet ihr sehen, wie stolz eure Hunde sind, wenn sie es geschafft haben."*

Die Treppe ist tatsächlich nicht einfach für die Hunde, sie ist aus Stahl, man kann nach unten durchschauen, sie ist an einer Seite an einer Mauer, an der anderen ganz offen. Positive Stimmung ist wichtig, also haben wir uns auf Caramello und sein Frauchen konzentriert, die die Treppe bereits gelaufen waren. An der Treppe angekommen, ein kurzes Lob an die beiden und die Aufforderung: *„Ihr lauft vor und alle anderen in einer Reihe hinterher – ihr schafft das!" „Nehmt die Hunde zu euch, nehmt sie kurz, überlegt nicht lange und lauft Caramello hinterher."*

Zu diesem Zeitpunkt hatten die Teams schon einige für die Hunde schwierige Situationen geschafft, das Vertrauen der Hunde in ihre Menschen war da. Es gab nur bei einer Teilnehmerin den Verdacht, dass es etwas schwierig werden könnte. Ich lief neben ihr, und als der Hund zögerte, drehte sie sich prompt um und das Zögern wurde zu einem Bocken des Hundes. Also kam die Anweisung von mir: *„Sei mal ganz ruhig und nehme ihn erst einmal kurz und nah zu dir."* Ich stellte mich neben ihren Hund Carlo, und als sie wieder loslief, nahm ich ihn am Geschirr, gab ihm kurz durch den klaren Griff die Sicherheit, die er brauchte, und wir liefen die Treppe hinauf. Oben angekommen, wurde gefeiert und belohnt. Dann wieder hinunter und wieder hinauf. Beim zweiten Mal waren alle Hunde gelöst und fröhlich und man sah ihnen den Erfolg und Stolz an. Gerade unsichere Hunde brauchen diese Erfahrungen zusammen mit ihren Menschen!

Das Umfeld

Junge Hunde lernen die Umgebung kennen, in der sie leben. Unsicherheiten sind in jungem Alter normal, die Hunde tasten sich heran und diejenigen, die zu ungestüm sind, werden sich auch mal weh tun. Das ist nicht tragisch, denn so lernen die Hunde ihr Umfeld kennen und einzuschätzen. Sie lernen früh, dass man einen Abhang hinunterkugeln und vielleicht auch fallen kann. Hunde, die in der Stadt aufwachsen, lernen Autos, Straßenbahnen, viele Menschen, Restaurants und Cafés und was sonst noch so alles dazugehört kennen. Landhunde dagegen Traktoren, Pferde und Kühe und so weiter. Hunde laufen auf verschiedenen Untergründen wie Gras, Blätter, Asphalt und sogar Gitter. Alles, was neu ist, wird zuerst inspiziert und bewertet.

Hunde, die einen sehr eingeschränkten Bewegungsspielraum hatten und wenig kennenlernen und Erfahrungen machen durften, haben oft Probleme. Sie sind nicht in der Lage, neue Umgebungen richtig einzuschätzen, und reagieren dann mit Unsicherheiten und Angst.

Hunde lernen sehr ortsbezogenen, so kann es auch einmal passieren, dass ein Ort zum Angstauslöser wird, weil der Hund dort stark erschrocken ist.

Trotzdem wird nicht jeder Hund, dem Erfahrungen fehlen oder der stark erschrocken ist, eine Angstproblematik entwickeln. Auch hier spielen die Persönlichkeit, vorherige Lernerfahrungen und der soziale Zusammenhang eine große Rolle.

Nicht immer ist es so einfach …

Es ist schon viele Jahre her, als Ute Heberer in einem Kurs für Hundehalter war. In der Pause bekam sie ein Gespräch anderer Teilnehmer mit. Eine Teilnehmerin erzählte, dass ihr Hund eine furchtbare Angst vor allen Treppen hat. Sie habe sich so gefreut, dass dieser Kurs an einem ebenerdigen Veranstaltungsort angeboten wurde und sie endlich einmal wieder unter Menschen komme. Deshalb habe sie diesen Kurs auch nur gebucht. Hätte sie jedoch gewusst, dass der Veranstaltungsraum einen halben Stock höher liegt, wäre sie nicht gekommen. Nun musste sie ihren großen Hund zehn Stufen hinauftragen, was für diesen nur Stress bedeutete.

Sie erzählte weiter, dass sie den Hund nun schon sechs Jahre habe und er sich von Anfang an geweigert habe, Treppen zu laufen. Selbst einzelne Stufen seien ein Problem. Er lege sich vor die Treppe und gehe keinen Schritt weiter. Dies hatte zur Folge, dass seine Halterin seit sechs Jahren nicht mehr in Urlaub fuhr und auch keine Freunde mehr besuchte, denn überall gab es Treppen. Da ihr Hund auch schlecht allein bleiben konnte, waren nur kleinere Einkäufe in der Nähe machbar, bei denen sie den Hund nehmen und vor der Ladentür anbinden konnte. Zusammengefasst ging die Frau seit sechs Jahren kaum mehr aus dem Haus. Besuche, Shoppingtouren, Kaffee- oder Restaurantbesuche waren seitdem tabu, ebenso Urlaube. Ihr Leben beschränkte sich durch den Hund auf einen kleinen Mikrokosmos.

Ute war damals schon langjährige erfahrene Hundehalterin, jedoch zu diesem Zeitpunkt noch ungeschult und unsensibel im Umgang mit anderen Hundehalterinnen. Sie wurde neugierig und bat darum, die Leine des Hundes einmal halten zu dürfen. Die Frau übergab ihr die Leine wortlos erstaunt. Ute konnte sich einfach nicht vorstellen, dass ein Hund „Angst“ vor einer Treppe haben könnte. Sie drehte dem Hund den Rücken zu und ging entsprechend resolut auf die Stufen zu und die Treppe nach unten. Sie spürte zwar eine gewisse Anspannung in der Leine, doch der Hund folgte, zwar unsicher, aber problemlos. Nachdem sie den Vorgang in beide Richtungen zweimal wiederholt hatte und der Hund mit jedem Mal lockerer die Stufen hinauf und hinunter lief, übergab sie der entsetzten Halterin die Leine mit Dank zurück. War sie doch bestätigt worden, dass es so etwas wie Treppenangst nicht gibt.

Wie diese Geschichte ausging, blieb Ute verborgen, Hund und Halterin wurden nie wieder gesehen. Die Halterin fühlte sich ganz sicher zu Recht vorgeführt, zumal eine aufklärende und beratende Ansprache danach fehlte. Für dieses Verhalten schämt sich Ute zwar noch heute, die Geschichte zeigt aber, welche Bürden Menschen auf sich nehmen, statt ein Problem anzugehen.

Man muss schon genau hinschauen, was der Hund an körpersprachlichen Signalen zeigt, und entsprechend interpretieren. Selbst wenn oder sogar weil der Hund Unsicherheit zeigt, muss man ihm helfen, Alltagssituationen besser auszuhalten und diese nicht gänzlich meiden.

Angstauslösende Orte und Situationen

Grundsätzlich kann jeder Ort oder jede Situation für einen Hund problematisch sein. Es gibt Hunde, die haben Angst, auf einer Wiese oder im Wald zu laufen und Gras oder Blätter unter den Pfoten zu spüren. Andere haben große Probleme in einem städtischen Umfeld und sind in der Natur völlig entspannt. Es gibt Hunde, für die eine Hundebox ein sicherer Ort bedeutet, und andere, die panisch werden, wenn man sie in eine Hundebox bringt oder ihren Bewegungsradius einschränkt. Sogar Innenräume können für Hunde problematisch sein. Es gibt Hunde, die sich im Freien sehr wohl fühlen, im Haus jedoch Stress haben. Hunde, die Treppen nicht kennen und laufen wollen, und Hunde, die Angst vor Wasser haben. Hunde, die nie aus einem Wassernapf trinken möchten, dafür aber mit Anlauf in einen See springen. Es gibt nichts, was es nicht gibt. Entsprechend vielseitig und vielfältig müsse die Trainingsansätze sein, wenn sie wirklich einem individuellen Hund helfen sollen.

Die Aufzählung der Situationen und Örtlichkeiten, die Angstauslöser sein können, kann man ewig fortsetzen. Es kommt immer darauf an, was die Hunde erlebt haben und was sie schon kennen und was nicht. Jeder Ort ist verbunden mit vielfältigen Sinneseindrücken: Es gibt Gerüche, Dinge zu sehen, zu hören und zu spüren. Ein Hund, der auf der Straße in einer Stadt gelebt hat, wird mit dem städtischen Umfeld eher keine Probleme haben, kennt aber vielleicht keinen Wald. Ein Hund, der im Tierheim aufgewachsen ist, das an Bahngleisen liegt, wird mit dem Geräusch eines Zuges kaum Probleme haben, aber vielleicht hat er nie einen gesehen, weil er nie außerhalb des Tierheims war. So ein Hund wird möglicherweise beim ersten Anblick des anfahrenden Zugs panisch und wäre in einer Stadt möglicherweise zunächst komplett überfordert.

Geht man mit einem ängstlichen Hund oder Angsthund an Orte, die er nicht kennt, muss man mit extremen Angstreaktionen rechnen. Sicherung ist hier ein Muss: Sicherheitsgeschirr (mit zwei Bauchgurten, aus denen ein Hund nicht schlüpfen kann), doppelte Sicherung und je nach Hund ein Maulkorb.

Mit jedem neuen Umfeld sammelt der Hund Erfahrungen und wird entspannter. Vorausgesetzt natürlich, dass er lernen konnte und die Situation und das Umfeld als machbar bewertet hat. In Zukunft wird er dann mit jeder neuen Situation und jedem neuen Ort entsprechend besser umgehen können. Er wird resilienter, gelassener und auch fröhlicher.

Gegenstände

Mit Gegenständen ist es ähnlich wie mit der Umwelt. Es gibt kaum einen Gegenstand, den ein Hund nicht aus irgendeinem Grund gruselig finden kann und mit einer Fluchtreaktion reagiert. Viele Hunde reagieren auch auf mehrere unterschiedliche Gegenstände: Mülltonnen, Fahrzeuge (von normalen Autos bis zu Traktoren oder großen Lastwagen), Haushaltsgegenstände, die Geräusche machen wie Toaster, Staubsauger usw. – die Liste könnte man unbegrenzt fortsetzen.

Ursachen für Gegenstandsängste

Dass Hunde auf Gegenstände eine Angstreaktion zeigen, kann mehrere Ursachen haben. Meist kennen sie den Gegenstand noch nicht und können nicht einschätzen, ob davon eine Gefahr ausgeht oder nicht. Hat ein Hund noch nie einen Traktor gesehen, ist es normal, dass er sich zunächst vorsichtig nähert. Doch häufig wird diese Vorsicht schon als Angst gewertet. Reagiert der Mensch dann unsicher, vielleicht sogar mit übertriebener Sorge, und weicht womöglich noch aus oder kehrt beim Anblick des Traktors um, führt das schnell dazu, dass der Hund den Gegenstand als wirklich gefährlich bewertet. Beim nächsten Aufeinandertreffen mit einem Traktor wird er mit großer Skepsis reagieren, was sich dann mit der Zeit mehr und mehr steigern kann.

Manchmal liegt auch eine falsche Verknüpfung vor. Ist die erste Mülltonne, die ein Hund kennengelernt hat, mit lautem Gepolter umgefallen und der Hund ist erschrocken, kann es sein, dass der Schreck dazu führt, dass jede Mülltonne in Zukunft Furcht auslöst. Für manche Hunde genügt schon ein Mülltonnendeckel, der sich laut schließt. Oft wird die falsche Verknüpfung dadurch ausgelöst, dass der Hund flüchtet oder den vermeintlich gefährlichen Gegenstand z. B. verbellt und diese Reaktion dann als erfolgreich bewertet. Eine Strategie, wie Flucht oder Verbellen, kann schon als erfolgreich angesehen werden, wenn in Folge nichts Schlimmes passiert. Dass auch nichts passiert wäre, wenn er nicht geflüchtet wäre oder gebellt hätte, weiß der Hund ja nicht. Also wird die Flucht oder das Verbellen zur erfolgreichen Strategie auf den „gefährlichen Gegenstand".

Autos sind, wie schon beschrieben, für Straßenhunde unter Umständen wirklich gefährlich. Hat ein Hund miterlebt, wie ein anderer angefahren wurde, wird das Auto vermutlich als gefährlich abgespeichert. Reagiert dieser Straßenhund jedes Mal mit Flucht, wenn er ein Auto sieht, so rettet das möglichweise sein Leben. Kommt genau dieser Hund nach Deutschland in eine Familie und womöglich noch in eine Stadt mit vielen Autos, ist es für ihn selbstverständlich, dass er beim Anblick vor jedem Auto flüchten möchte. Dass Autos, die auf der Straße fahren, für einen Hund mit seinem Menschen auf dem Gehweg keine Gefahr bedeuten, muss er erst lernen. Für diesen Hund bedeutet es zunächst einmal großen Stress, an der Flucht gehindert zu werden. Hier ist die soziale Unterstützung durch einen „starken Menschen" an seiner Seite wichtig. Egal ob lange Schleppleine oder kurze Leine – der Hund wird nicht in der Lage sein, sich so weit von den vermeintlich gefährlichen Autos zu entfernen, dass er sich sicher fühlt. Deshalb muss er lernen, dass er an der Seite seines Menschen sicher ist, sonst bleibt dieser Hund ein Leben lang fluchtgefährdet und lebt im schlimmsten Fall in permanenter Furcht. Er muss lernen, dass Autos keine Gefahr darstellen, wenn er sich bei seinem Menschen aufhält. Das ist besonders wichtig in unserer Umwelt, in der die Konfrontation mit Autos und anderen Fahrzeugen nicht vermeidbar ist.

Dies kann man auf alle Gegenstände übertragen, auf die der Hund mit einer Stressreaktion reagiert. Hunde müssen lernen, dass diese Gegenstände zum Leben dazugehören, nicht gefährlich sind und dass sie, wenn sie Unsicherheit verspüren, sich an ihren Menschen wenden dürfen und NICHT flüchten oder angreifen müssen.

Berührungen

Der Tastsinn der Hunde entwickelt sich schon im Körper der Mutter. Studien haben gezeigt, dass sich Nachkommen von Tieren, die während der Trächtigkeit gestreichelt werden, fügsamer zeigen (Denenberg and Whimbey, 1963; in Fox, 1978). Dieser Effekt nennt sich „Gentling"- oder „Petting"-Effekt. Nach Fox aktiviert die Berührung den Parasympathikus, wirkt entspannend und führt zu emotionaler Verbundenheit (Fox, 1975, 1978). Dehasse schreibt 1994, dass es durchaus möglich ist, dass sich Hunde schon in der Gebärmutter an die menschlichen Berührungen gewöhnen.

Körperkontakt wirkt entspannend und gesundheitsfördernd. Der Tastsinn ist der erste Sinn, der sich bei einem Neugeborenen entwickelt; Berührungen zu spüren ist für Menschen und Tiere fast so wichtig wie die Luft zum Atmen. Bei Körperkontakt mit Sozialpartnern wird das Hormon Oxytocin ausgeschüttet, es wirkt vertrauensfördernd, entspannend und gesundheitsfördernd. Wissenschaftliche Untersuchungen haben gezeigt, dass das Lecken der Mutter bei Ratten und Mäusen vielfältige körperliche Reaktionen der Jungtiere auslösen, die z. B. die Schmerz- und Stressresistenz maßgeblich beeinflussen. Ratten- und Mäusebabys von fürsorglichen Müttern waren im Gegensatz zu Babys von nicht fürsorglichen Müttern weniger gestresst und resistenter gegenüber Krankheiten.

Wenige oder fehlende körperliche Kontakte können zu psychischen und physischen Störungen führen.

Ursachen für Berührungsängste

Und trotzdem gibt es Hunde, die Berührungen weder zulassen noch genießen können. Manche verkrampfen beim Streicheln, andere haben im allgemeinen Probleme mit Nähe und Berührungen, egal ob vom Menschen oder anderen Hunden. Es gibt sogar Hunde, die um sich beißen oder flüchten wollen, wenn sie von der Leine oder einem Zweig berührt werden.

Solche Hunde werden liebevoll gestreichelt und beißen um sich, manche zucken zusammen, wenn sie berührt werden, als hätten sie Stromschläge bekommen. Problematiken und Hundepersönlichkeiten sind immer sehr unterschiedlich, und so ist es auch hier ganz wichtig, genau hinzuschauen. Worin besteht der Auslöser und welche Reaktionen zeigen die Hunde und in welcher Intensität?

Warum Hunde Probleme mit Berührungen haben, lässt sich im Nachhinein oft schwer nachvollziehen. Auslöser können unterschiedliche Ursachen haben. Eine Störung in der frühen Entwicklung könnte ein Grund sein. Schon 1945 wurden im Roscoe B. Jackson Memorial Laboratory at Bar Harbor, Maine, umfangreiche Studien zum Einfluss der Genetik und Entwicklung von Welpen gemacht. Die Arbeiten beinhalten detaillierte Beschreibungen des Verhaltens und führten zur Entdeckung der sogenannten sensiblen Phasen in der frühen Entwicklung, in denen Welpen besonders sensibel auf Umwelteinflüsse reagieren. Erfahrungen und Einflüsse in diesen Phasen wirken sich besonders stark auf späteres Verhalten aus (Elliot und Scott, 1961; Freedman et al., 1961; Fuller, 1967; Scott, 1962, 1963; Scott und Fuller, 1965; Scott und Marston, 1950; Scott et al., 1974).

Wie weitreichend die Einflüsse von Genetik, Epigenetik und den frühen Erfahrungen auf das spätere Verhalten sind, wurde in den letzten 10–15 Jahren revolutioniert. Wir wissen heute, dass Faktoren wie die Fürsorge der Mutter, physischer und psychischer Stress in der Schwangerschaft sowie vor und nach der Geburt zu Veränderungen der genetischen Information, die das zentrale Nervensystem steuert, führen kann. Da das Genom die Information für die Entwicklung des Gehirns und Nervensystems speichert, wird die Entwicklung des Verhaltens hier maßgeblich beeinflusst (Bale et al., 2010; Berger et al., 2009; Cardoso et al., 2015; Heim und Binder, 2012).

Bei der Beurteilung des Verhaltens macht es aber einen grundlegenden Unterschied, welche Ursachen anzunehmen sind. Es macht einen Unterschied, ob der Hund nur aus Unsicherheit oder Misstrauen Reaktionen wie z. B. Meiden, Flucht, Schreien oder Angriff zeigt oder ob möglicherweise ein traumatisches Erlebnis zugrunde liegt.

Meideverhalten nur bei Menschen

Ein Hund zeigt Meideverhalten, er weicht zurück und lässt sich nicht von Menschen anfassen, ist aber im Umgang mit Hunden normal. In dem Fall kann es sein, dass er als Welpe keine Berührungen von Menschen kennengelernt hat oder dass das Verhalten erlernt wurde. Diese Hunde haben oft keine Probleme mit Berührungen, lediglich mit dem „Berührtwerden von Menschen“. Sie lernen schnell, dass Berührungen angenehm sind und entspannend sein können. Das Schreien oder der Angriff sind manchmal Mittel zum Zweck und waren für den Hund in der Vergangenheit erfolgreich, den Menschen auf Abstand zu halten. Denn Menschen nehmen meistens die Hände weg oder weichen aus, wenn Hunde schreien oder versuchen zu beißen. Es kann also durchaus auch ein erlerntes Verhalten zugrunde liegen.

In so einem Fall könnte es helfen, einfach weiterzustreicheln. Der Hund realisiert so schnell, dass ihm nichts passiert, und manche können es schon nach kurzer Zeit genießen. Hierbei sollte man darauf achten, dies nur mit Maulkorb abgesichert zu tun. Hingegen kann dieselbe Strategie bei anderen Hunden das Problem noch verschlimmern, z. B. wenn ein traumatisches Erlebnis zugrunde liegt.

Traumatische Erlebnisse

Ist ein traumatisches Erlebnis die Ursache für die Probleme mit Berührungen, werden vielleicht sogar Schmerzen damit assoziiert, dann wird es schwieriger. Denn es kann durchaus vorkommen, dass der Hund jede Berührung als Schmerz wahrnimmt, auch wenn sie keine Schmerzen mehr auslöst. Allein die Erinnerung an den Schmerz reicht, um das Berührtwerden als aversiv wahrzunehmen. In dem Fall müssen alternative Wege eingeschlagen werden.

Natürlich ist es auch so, dass sich ängstliches Verhalten im Lauf des Lebens eines Hundes verstärken kann, ohne dass es zu weiteren traumatischen oder anderen Vorfällen kam. Ältere Hunde, die Berührungen ihr Leben lang ausgewichen sind, damit erfolgreich waren und nie die Erfahrung machen konnten, dass es nicht schlimm oder sogar schön ist, berührt zu werden, werden länger brauchen als junge Hunde, die noch sehr lernfähig sind und bei denen sich Verhaltensweisen noch nicht so etabliert haben.

Hunde richtig einzuschätzen ist der wichtigste Teil der Arbeit mit Angsthunden. Eine einzige Therapieform für alle gibt es nicht.

Man kann Hunde langsam an Berührungen gewöhnen, indem man zunächst in Situationen, in denen sie andere Sinneseindrücke haben und abgelenkt sind, wie zufällig berührt. In diesem Fall berührt man mit etwas, womit der Hund wenig Probleme hat, z. B. auf einem Spaziergang mit der Leine, oder man geht an Zweigen vorbei, sodass der Hund „nur“ von Zweigen berührt wird. Alternativ können andere Hunde genutzt werden, indem gemeinsame Spaziergänge unternommen werden, bei denen Berührungen automatisch und „zufällig“ nebenbei von Hunden und dem Menschen „passieren“. Der Hund kann sich so nach und nach daran gewöhnen. Selbstverständlich ist auf das korrekte Absichern des Hundes zu achten, wenn der Hund zu Aggressionsverhalten neigt. Die „mitarbeitenden“ Hunde sollten stabil und sozialverträglich sein, mit den Reaktionen des „Angsthundes“ umgehen können und somit therapieunterstützend wirken.

Bei Hunden, die weniger Berührungsprobleme haben, kann es erfolgreich sein, die Hunde direkt damit zu konfrontieren und z. B. auf den Arm zu nehmen. Dafür muss man aber den Hund sehr gut einschätzen können, der Mensch selbst muss Ruhe, Sicherheit und Wohlwollen ausstrahlen und dem Hund liebevoll begegnen. Meist hilft der direkte Körperkontakt so schnell, dass die Hunde innerhalb von ein paar Minuten entspannen und die Nähe und die Berührung genießen können. Es ist eine große Chance, denn auf diese Weise können sie das Vergangene schneller vergessen und die Berührungen mit etwas verknüpfen, das bei ihnen ein positives Gefühl auslöst.

Autofahren

Manche Hunde haben Angst in einem Auto, andere beim Autofahren selbst oder auch nur beim Einsteigen. Das sind unterschiedliche Thematiken, und zuerst sollte man sich im Klaren sein, wo die Probleme des Hundes liegen. Im Auto mitzufahren gehört für die meisten Hunde zum Alltag und ist einfach notwendig. Wenn jedoch nur einmal im Jahr zum Tierarzt gefahren werden muss, stellt sich die Frage, wie effektiv dafür Training ist oder ob es weniger Stress für Mensch und Hund ist, den Hund einfach ins Auto zu packen. Auch wenn das dann sicher dazu beiträgt, dass der Tierarztbesuch nicht besonders beliebt ist. Für das Leben der meisten Hunde ist es aber wichtig, im Auto mitzufahren zu lernen.

Übelkeit während des Autofahrens

Hunden, denen beim Autofahren schlecht wird und die erbrechen müssen, kann es helfen, sie vorher nicht zu füttern. Aber oft ist das auch keine Lösung, denn schlecht wird ihnen trotzdem, und dann ist es nur verständlich, dass der Hund beim Einsteigen zögert oder sich sogar komplett weigert. Worin die Lösung für dieses Problem liegt, ist individuell. Manchen Hunden hilft es, beim Fahren hinausschauen zu können, für andere ist es einfacher, in einer abgedunkelten Box transportiert zu werden. Doch viele Hunde, denen schlecht wird, können sich an das Autofahren gewöhnen. Dazu fährt man erst einmal kürzere Strecken ohne viele Kurven, später immer längere Strecken. Ist das nicht machbar, weil man jeden Tag eine bestimmte Strecke fahren muss, gewöhnen sich die Hunde meist auch daran. In dem Fall ist aber wichtig, auf eine gute Stimmung zu achten und das Autofahren nicht durch seine eigenen Emotionen, dazu zählt auch Mitleid, zu dem negativen Ereignis des Tages zu machen.

Ist man selbst ein impulsiver Autofahrer und schimpft ständig im Auto über andere Fahrer, Stau oder was auch immer, dann kann das sehr sensible Hunde so stark beeinflussen, dass das Autofahren zu einem negativen stressbehafteten Ereignis wird und der Hund daraufhin nicht mehr Autofahren möchte. Mit Angst hat es in dem Fall nichts zu tun, aber der Hund wird unter Umständen mit Stress und Meidung reagieren.

Probleme beim Einsteigen

Es gibt aber auch Hunde, die nur mit dem Einsteigen ein Problem haben. Sind sie erst einmal im Auto, legen sie sich entspannt hin und schlafen. Hier kann es helfen, das Ein- und Ausstiegen ein paarmal zu üben und positiv zu belegen. Das heißt, der Hund muss die Erfahrung machen, dass Einsteigen kein Problem darstellt und sich daraus womöglich noch etwas Gutes ergeben kann. Eine positive Verknüpfung kann man mit einem Leckerchen herbeiführen, das man gibt, sobald der Hund im Auto oder in seiner Box sitzt. Für viele Hunde ist Lob und Freude seitens des Menschen ein größerer Verstärker. Und manchem Hund ist es wichtiger, wenn er dort zur Ruhe kommen darf und nichts „Schlimmes" passiert.

Wichtig bei der Übung ist, dass der Hund, wenn er zögert, nicht darin bestätigt wird, das heißt, dass man sein Verhalten nicht verstärkt, indem man selbst auch zögerlich wird oder sogar zurückgeht. Der Hund wird zum Hineinspringen aufgefordert, und wenn er es nicht selbst tut, dann wird er direkt ruhig, liebevoll, aber ohne zu zögern ins Auto gesetzt. Ein Zögern des Menschen führt hier oft zu einer verstärkten Abwehrreaktion des Hundes. Manchmal hilft es, zuerst einen Bogen zu laufen und den Hund dann direkt aus dem Laufen heraus zum Hineinspringen ins Auto aufzufordern und im Zweifel etwas nachzuhelfen.

Hat der Hund ein Geschirr an, das wie ein Klettergurt sitzt, kann man ihn mithilfe der Leine, die am Geschirr befestigt ist, hineinheben. Wichtig dabei ist, dass vor dem Auto keine Pause entsteht, das Hineinheben geschieht also direkt aus der Laufbewegung heraus. Die meisten Hunde springen dann nach wenigen Wiederholungen selbst ins Auto. Vermeiden sollte man, den Hund ins Auto zu locken, wenn er sich weigert. Denn muss man es dann durchsetzen, bewertet der Hund die Situation als konfliktbeladen, was für den Abbau seiner Ängste kontraproduktiv ist.

Wie schon erwähnt, wird der Hund ruhig gelobt und bestätigt, man kann sich für ein paar Minuten entspannt an die Klappe zum Hund setzen und dort auch füttern – falls der Hund das als Belohnung empfindet. Bei manchen Hunden empfiehlt sich ein mehrmaliges Hinein- und direkt wieder Hinaushüpfen als Übung. Den meisten Hunden ist es aber wichtig, dass Entspannung folgt und erst einmal etwas gewartet wird, bevor man sie wieder zum Aussteigen auffordert. Das Aussteigen erfolgt genauso ruhig und unaufgeregt wie das Einsteigen – Party feiern oder übertrieben loben ist hier fehl am Platz. Denn das würde suggerieren, dass das Auto etwas ganz Besonders ist, was es aber nicht ist, es ist etwas ganz Normales, das zum Leben für die Hunde einfach dazugehört.

Um dem Hund zu helfen, seine Ängste zu überwinden, lohnt es sich auszuprobieren, was ihm hilft. Ist es besser, wenn sein Mensch mit ihm auf der Rückbank sitzt und ihn hält? Ist er vielleicht in einer Box oder frei im gesicherten Kofferraum ruhiger? Hilft es dem Hund, wenn er etwas sieht oder wenn die Box abgedeckt ist? Vielleicht hat er Probleme mit den Schatten oder sich schnell bewegenden vorbeifahrenden anderen Autos oder mit Menschen, die er sieht. Hilft es ihm, wenn Musik läuft? Man kann auch mit Gerüchen arbeiten, die man zuerst mit Entspannung konditioniert hat. Hilft füttern im Auto oder ist das eher negativ? Es lohnt sich, auszuprobieren, und dann ist das Motto: Was hilft, hat recht.

Absicherung im Auto

Der Hund muss im Auto gut gesichert sein. Man lässt grundsätzlich die Leine am Geschirr und befestigt sie greifbar außerhalb der Box oder im Kofferraum an einem Haltering oder der Nackenstütze, um ein Flüchten beim Öffnen des Autos oder der Box zu verhindern. Manche Hunde kauen beim Fahren aber möglicherweise die Leine durch. Also auch da vor dem Öffnen erst die Leine kontrollieren.

Tierarzt

Ursache für die „Angst“ vor dem Tierarzt ist selten der behandelnde Mensch. Es ist eher das Gesamtpaket von unangenehmen Gerüchen sowie nervösen Artgenossen und Menschen. Wir haben bereits viel über Stimmungsübertragung gesprochen. Selbst wenn der Hund nur zu Besuch oder zu einer Allgemeinuntersuchung kommt, riecht und sieht er doch seine gestressten Artgenossen, riecht Schmerz, Leid, vielleicht sogar Tod. Dazu sind um ihn herum Menschen, denen es auch nicht gut geht. Sie haben Stress, Sorgen und vielleicht selbst Angst. Diese Emotionen nimmt unser Hund wahr.

Wichtig ist, ganz egal, was ansteht, ruhig zu bleiben und dies auch in der Berührung des Hundes mitzuteilen. Wichtig ist sanftes, beruhigendes Streicheln. Unbewusst rubbeln die Menschen in der eigenen Not das Fell unruhig durch und signalisieren dem Hund damit, dass sein Mensch in diesen Räumen gerade ein Problem hat.

Es hat sich gerade in solchen Fällen bewährt, wenn bereits im Wartezimmer die Tiermedizinische Fachangestellten Kontakt zum Hund aufnehmen, ihn einmal halten und streicheln. Können sie damit dem Hund die notwendige Ruhe und Sicherheit geben, wird er sich in der eigentlichen Behandlung schneller bei ihnen anlehnen und ihnen vertrauen. Je nach Verdachtsdiagnose muss es aber auch einmal schnell gehen und es bleibt wenig Zeit für vorbereitende Maßnahmen. In diesem Fall ist es hilfreich, den Hund mit so wenig Druck wie möglich, aber mit sicherem Griff auf dem Tisch zu fixieren. Ruhe der haltenden Person sowie der sichere Griff sind hier maßgeblich. Steht der Hund einen Moment ruhig, ist der Griff sofort zu lockern, wir arbeiten hier mit negativer Belohnung. Ebenso hilft den Hunden, wenn man sie an einer ganz anderen Stelle als der zu behandelnden kratzt oder streichelt. Somit richtet sich der Fokus des Hundes auf diese Stelle, und er nimmt die nötige Behandlung weniger wahr.

Reagiert der Hund beim Tierarzt mit Meideverhalten oder er zittert, ist es ganz wichtig, mit ruhiger Stimme zu reden und ihn in den Arm zu nehmen; doch der sichere Griff bleibt, wie beschrieben, als Signalbelohnung am Halsband.

Der Hund sollte nicht zappeln oder gar versuchen, vom Tisch zu springen. Durch ein solches Verhalten würde sich seine Unsicherheit und Unruhe nur noch verstärken. Es ist unbedingt notwendig, dass er mit Schwung auf den Tisch gehoben und dort festgehalten wird. Jedoch darf er auf keinen Fall mit Gewalt fixiert werden! Je ruhiger die Menschen sind, desto schneller beruhigt sich der Hund.

Nach der Behandlung wird der Hund sanft vom Tisch gehoben und weiterhin festgehalten. Das Runter-vom-Tisch darf aber nicht als Belohnung empfunden werden. Erst nach der Abschlussbesprechung und Verabschiedung darf der Hund in die Bewegung gehen und gemeinsam mit den Haltern ruhig den Behandlungsraum verlassen. Merken die Hunde, dass die Menschen frühzeitig aufgeben oder sie es sogar schaffen, allein vom Tisch zu springen, lernen sie genau das Gegenteil des erwünschten Verhaltens. Die Erwartungshaltung nimmt zu und der Hund kommt in eine Erregung nach dem Motto: *„Gleich ist es fertig und ich springe los.“*

Festhalten frühzeitig üben

Grundsätzlich wäre wichtig, dass alle Hunde lernen, fixiert zu werden. Dies übt man im besten Fall schon mit Welpen. Vor allem aber übt man dieses Hochheben und Festhalten mit dem neuen Hund, ob er ängstlich ist oder nicht. Es muss zum Alltag gehören wie Anleinen, Bürsten oder Pfotenwaschen. Je mehr die Hunde das von ihren Menschen kennen, desto leichter wird es ihnen fallen, auf dem Tierarzttisch ruhig zu bleiben. Gerade bei den sogenannten „Angsthunden" wird aber meist jedes Fixieren vermieden und auf Freiwilligkeit gehofft. Wenn die Hunde dann zum ersten Mal beim Tierarzt erleben müssen, dass sie festgehalten werden und das von einer ihnen fremden Person, weil der Halter es nicht leisten kann, kommt es leider zu Abwehr- und Meideverhalten und Stress auf allen Seiten. Das vorgeschaltete Haltetraining würde den Hunden an dieser Stelle sehr helfen. Ist es normal für die Hunde, sich festhalten zu lassen, dann ist die Tierarztsituation zwar trotzdem mit Stress verbunden – auch wir haben Stress beim Arzt –, aber machbar.

Besonders für Hunde, die misstrauisch Menschen gegenüber sind, ist es wichtig, dass die Nähe und das Festhalten und Sich-anfassen-Lassen von ihren Menschen in entspannten Situationen geübt wird. Und das von Anfang an! Nicht erst nach Gewöhnungszeiten, in der Hoffnung, die Hunde würden sich schon darauf einlassen. Die Hunde bauen durch solche entspannten Trainingssituationen Vertrauen zu ihren Menschen auf und verlassen sich dann auch in Krisensituationen auf den Menschen. Hier muss natürlich darauf geachtet werden, wie der Hund Menschen gegenüber reagiert, und der Hund eventuell mit einem Maulkorb gesichert werden – auch in der Tierarztpraxis!

Der günstigste Fall wäre, wenn der Hund noch jung und die Tierarztpraxis motiviert ist. Mehrere kostengünstige Kurzbesuche sind sinnvoll, einmal kurz durchkämmen, auch durch Tiermedizinische Fachangestellte, einmal auf dem Tisch streicheln, loben, fertig. Wichtig ist, dass man diese Art der Kurzbehandlung durchsetzt, auch wenn der Hund es als unangenehm empfindet. Erst bei entspannter Situation darf er vom Tisch. Das erkennt man in der Regel daran, wenn der Hund Leckerchen annehmen kann.

Die Alternative wäre nämlich, keine adäquate Behandlung, keine gründlichen Untersuchungen oder für jede Lappalie eine Narkose, was nicht nur unnötige Kosten verursacht, sondern vor allem für das Tier eine vermeidbare Belastung darstellt.

Allein bleiben

Frei lebende Straßenhunde leben meist im Familienverbund und in Gruppen. Hätten Hunde die Wahl, würden sie nie allein bleiben. Sich allein irgendwo aufzuhalten, müssen Hunde erst lernen. In unserer Gesellschaft und unserem Alltag ist es für fast alle Hunde notwendig, dass sie allein bleiben können. Auch wenn der Hund mit zur Arbeit darf oder man im Homeoffice arbeitet, zum Arzt und Einkaufen kann der Hund einfach nicht mit. Hunde verlassen ungern die Gruppe, so ist es nicht verwunderlich, dass manche Hunde damit Probleme haben. Fast alle können es aber lernen. Zu Beginn lässt man sie nur kurz allein im anderen Zimmer. Später auch mal allein in der Wohnung, der Zeitraum wird langsam gesteigert.

Eines vorab: Ein Hund, der wirklich in Angst ist, hat keine Probleme, allein zu bleiben. Diese Hunde flüchten und verkriechen sich. Sie möchten erst einmal nichts mit der Außenwelt zu tun haben, denn diese flößt ihnen Angst ein.

Trotzdem kann natürlich auch eine Unsicherheit oder Instabilität oder erlernte Furcht der Grund für Probleme mit dem Alleinbleiben des Hundes sein. Es rentiert sich daher auf jeden Fall, einen genaueren Blick auf das Entstehen der Problematik zu legen.

Gründe für Nicht-allein-bleiben-Können

Warum Hunde nicht allein bleiben können, kann viele verschiedene Gründe haben. Die meisten gehören nicht zu Angstproblematiken und werden hier auch nicht genauer besprochen. Trotzdem ist es wichtig, alle Gründe zu kennen, um den passenden Trainingsansatz zu finden.

Biologische Faktoren wie die Rasse, der Entwicklungsstand und die Persönlichkeit des Hundes sind in Betracht zu ziehen – die Lebensumstände und der Erziehungsstand sowie Erfahrungen, die der Hund gemacht hat. Ein Hund kann überfordert sein oder nicht gelernt haben, mit Stress oder Frust umzugehen, oder er kann unterfordert sein. Er kann unter einer hohen Erwartungshaltung stehen, denn mit dem Menschen nach draußen zu gehen bedeutet für ihn viel Spaß und Aktion, und das möchte er nicht verpassen. Auch soziale Faktoren können der Grund für Probleme beim Alleinbleiben sein. Vielleicht hat der Hund Vernachlässigung erfahren oder ist überbehütet? Vielleicht vermittelt der Mensch sogar, dass Alleinbleiben gar nicht möglich ist. Erik Zimen hat hierfür den Begriff der „emotionalen Kettenhaltung" geprägt. Gemeint ist eine erzwungene emotionale Nähe, aus der der Hund sich nicht lösen kann. Auch in Beziehungen, in denen die Co-Regulation fehlt, weil der Hund keinen stabilen Sozialpartner hat, kann es zu Problemen mit dem Alleinbleiben kommen. Der Hund kann es auch schlicht nicht gelernt haben. Es kann aber auch sein, dass zufällig etwas passiert ist, das ihn erschreckt hat, als der Mensch weggegangen ist und er dies jetzt mit dem Verlassen des Menschen verbindet. Ängstliche und labile Persönlichkeiten haben eher aus Unsicherheit, fehlender Stabilität und Co-Regulation Schwierigkeiten. Stabile Persönlichkeiten haben meist weniger Probleme aus dem Angstbereich. Selbstbewusste Hunde mit erzieherischen Defiziten können meist schlecht mit Frust umgehen, der entsteht, wenn der Mensch sie verlässt.

isstrauen
lissy zeigt kein ängstliches Verhalten, sondern ist sehr misstrauisch gegenüber
lenschen.

Angst
Obwohl der Hund schon 6 Monate im Haus lebte, zeigte Nino aufgrund traumatischer Erlebnisse im Kontakt mit Menschen Scheue und Angst und reagierte mit defensiver Aggression bei Kontaktaufnahme.

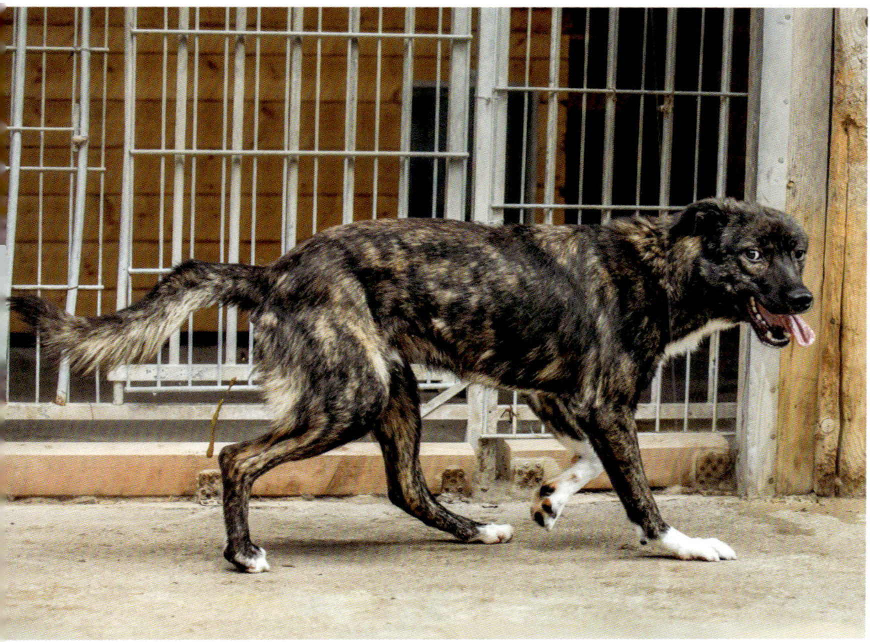

Stress
Stressmerkmale bei Hunden sind unter anderem Unruhe (oben), Hecheln (unten links) und unsteter Bick (unten rechts).

Unsicherheit
Barrack zeigte im Kontakt mit fremden Personen zunächst unsicher fragendes Verhalten.

Jnsicherheit, Ängstlichkeit, Misstrauen
Diese Hunde zeigen Unsicherheit in unterschiedlicher Ausprägung. Teils mit Meidever-
alten: sie machen sich klein, rund, klemmen die Rute ein und/oder legen die Ohren an.

Skepsis
Diese Hunde zeigen keine Angst. Sie sind eher skeptisch.

Meideverhalten
Kurt ist in der für ihn neuen Situation auf der Brücke ängstlich und zeigt auch dem Menschen gegenüber Meideverhalten.

Schreck
Kurze Schreckreaktion mit Meideverhalten.

autilus war leicht verunsichert, als die Fotografin mit der Kamera auf ihn zu kam und
:igte „Fiddle about".

Kommunikation

Folgender Bildverlauf macht deutlich, wie in der Kommunikation verschiedene Elemente von Unsicherheit und Meideverhalten gezeigt werden können. Dieses Verhalten ist keine Einbahnstraße, sondern kann sich durch vertrauensbildende Antworten neutralisieren. Der Hund entspannt.

Fragend

Falsche Antwort

Demut

Neutral

Nähe und Vertrauen
Ängstliche oder unsichere Hunde brauchen einen Menschen zum Anlehnen, der ihnen Halt und Sicherheit bietet.

Enzo war gegenüber Menschen misstrauisch und gestresst. Er lebte 2,5 Jahre mit seiner Halterin in einer kleinen Wohnung und ließ sich in der ganzen Zeit nicht anfassen. Beim Transport zum Training ins Tierheim biss er einen Helfer. Das Geschirr, das er trug, war vor mehreren Monaten unter Narkose angezogen worden. Auf dem Foto sieht man Trainerin Katja und Enzo nach dem Anleinen, beide mit fragendem Blick: „Wer bist du? Wie machen wir weiter?" Eine halbe Stunde später ließ sich Enzo anfassen, streicheln und den Maulkorb aufsetzen. Weitere zwei Stunden später saßen er und seine Halterin aneinander gekuschelt auf dem Sofa, sie hatte Tränen in den Augen, als sie sagte: „Er fühlt sich so weich an".

Zwei, die sich noch nicht kennen. Katja spürt die Skepsis und reagiert mit Rücksicht. Hündin Olli zögert noch und meidet leicht.

Körpersprache/Annäherung
Jutta lädt Barrak mit einer freundlichen offenen Geste körpersprachlich ein, auf sie zuzukommen. Durch das Vertrauen zu Jutta ist es Barrak möglich, auf diese frontale Einladung einzugehen.

Hier steht Jutta seitlich und lädt Barrak ein, was ängstlichen Hunden leichter fällt.

So kann harmonisches Miteinander aussehen: Karin und Niklas sind entspannt und gehen in die gleiche Richtung. Niklas ist körpernah und orientiert sich am Menschen, die Leine hängt durch. Karin geht zielgerichtet und aufrecht und schaut in Richtung, in die beide gemeinsam gehen.

Eine freundlich einladende Geste von Karin wird von Niklas zunächst nicht angenommen. Er wendet sich ab, der Körperschwerpunkt geht vom Menschen weg und er wendet den Blick ab.

Ein wenig später kann er die Berührung annehmen. Sein Blick und seine Haltung zeigen, dass er weicher wird. Niklas kann sogar genießen, gestreichelt zu werden.

Andocken ist ein Sich-Anlehnen an den Menschen
Hündin Juicy ist angelehnt an ihren vertrauten Menschen Katja. So bleibt die Hündin auch in für sie bedrohlichen Situationen, wie ein entgegenkommender Mensch, ruhig und zeigt kein Fluchtverhalten.

Angefasst werden möchte sie jedoch nicht. Ihre Körperhaltung zeigt Unsicherheit, in der Mimik und im Blick liegen schon eine leichte Drohung.

;chleppleine = Freiheit?
Olli zeigt Meideverhalten. Die gut gemeinte vermeintliche Freiheit durch eine Schleppeine führt bei solchen Hunden oft nur zu Meide- und Fluchtverhalten. Zu viel Bewegungsreiheit führt bei den Hunden zu hohem Stress, denn sie stehen letztendlich allein in den hnen angstmachenden Situationen. Oftmals suchen sich die Hunde Hecken, Wände oder stehende Autos als sicheren Ort, wenn der Mensch ihnen nicht die Sicherheit durch örperliche Nähe bietet.

;elbst wenn der Hund der Nähe des Menschen zunächst misstraut, fühlt er schnell dessen Vohlwollen und die angebotene Sicherheit.

Körpersprache des Menschen, hier Katja und Olli
Im Bildverlauf ist die Ansprache durch Blickkontakt und einladende Geste von Katja freundlich, sie hat einen weichen Blick, steht seitlich zum Hund, ihre Körperhaltung ist weich, die Schulter ist offen.

Der Blick geht dahin, wo der Hund hingehen soll. Katja dreht ihren Körper leicht, bleibt weich und einladend, gibt aber gleichzeitig schon eine Richtung vor, ihre Schulter bleibt offen, ihr Körperschwerpunkt wird vom Hund weg verlagert.

:atjas Blick hebt sich und sie gibt damit die Laufrichtung vor, ihr Körper richtet sich ıngsam mit etwas mehr Körperspannung auf und nimmt den Hund, wenn nötig, mit :ug über die Leine mit, die Schulter bleibt offen, sie dreht sich in Laufrichtung und richtet :ch auf.

iel ist eine gemeinsame Richtung, ein Miteinander und kein Gegeneinander. Olli kann :ch anlehnen und schaut in die gleiche Richtung wie Katja.

Verunsichert in fremder Umgebung
Dough kennt und vertraut Justine. Doch bei körperlicher Distanz zu ihr zieht er an der Leine und versucht zu fliehen.

ıstine hindert ihn an der Flucht und bietet Dough an, zu ihr zu kommen. Dieses Hilfs-ngebot und die Kommunikation nimmt er gut an. Er bewegt sich zunächst geduckt und ıngstlich auf Justine zu.

Je näher er kommt desto aufgerichteter geht er, denn Justines Nähe bietet ihm Sicherheit. Seine Erleichterung zeigt Dough mit aktiver Demut, die von Hunden zur Distanzverringerung eingesetzt wird.

r schließt sich eng an, sucht Körperkontakt und kann von dort aus seine Umgebung
ahrnehmen und beobachten.

Verhalten bei Begegnungen
Juicy ist in Begegnungen mit entgegenkommenden Menschen noch unsicher. Katja nimmt sie beim Gehen auf die abgewandte Seite und bietet ihr Nähe an. Juicy lernt, sich auf ihren Menschen zu verlassen, der ihr in beängstigenden Situationen zur Seite steht und hilft.

)hne diese Hilfestellung, wenn Juicy zwischen ihrem Menschen und der Gefahr allein elassen wird, zeigt sie deutliche Unsicherheit, sie ist hin- und hergerissen und würde ch möglicherweise für Angriff oder Flucht entscheiden. Das von uns Menschen gern ewünschte Verhalten der Annäherung wird ohne Unterstützung in dieser Situation her nicht gezeigt.

Demutsverhalten
Demutsverhalten wird im Sozialverhalten der Hunde zur Konfliktvermeidung und zum Erreichen eigener Ziele gezeigt. Die beiden Hündinnen Stella und Margie zeigen bei dem Rüden Honshu im Wechsel aktive und passive Demut.

Aktive Demut dient der Distanzverringerung.

Passive Demut dient der Distanzvergrößerung.

Hunde haben ein vielfältiges Repertoire an körpersprachlichen Zeichen. Nicht immer ist es so, wie es scheint. Man sollte das Verhalten immer im Kontext beurteilen.

Sozialisierung
Die Tierschutzhunde, die bei uns leben, sind oft gut sozialisiert, und zwar genau auf das Leben und den Umgang, der dort vor Ort für Hunde gilt.

Versetzt in eine andere Welt, nämlich in unsere, gelten sie plötzlich als Angsthunde mit Deprivationsschaden. Doch sie zeigen verständlicherweise oft nur Unsicherheit oder tiefes Misstrauen.

Sicherheit und Selbstschutz durch Maulkorb
Lewis ist ganz verschmust, zeigt aber Verhaltensstörungen. Bei zu viel Liebe flippt er gan: plötzlich aus, er zeigt Autoaggression und damit verbunden auch umgelenkte Aggressior Durch den Maulkorb kann er aber am gesellschaftlichen Leben teilhaben.

Wichtig ist, dass der Maulkorb gut passt, damit keine Druckstellen entstehen und e für den Hund bequem ist. Der Hund muss damit hecheln, Wasser und Nahrung aufnehmen können. Letztend lich ist ein Maulkorb für den Hund wie Brilletragen für uns.

Sicherheitsgeschirr
Bei einem gut sitzenden Sicherheitsgeschirr gibt es drei Gurte, einen im Hals-Brust-Bereich, einen auf den Rippenbögen und einen dritten dahinter. Richtig angepasst, kann ein Hund auch nicht in panischen Reaktionen herausschlüpfen.

Ein zusätzliches Halsband ist zu empfehlen. Der Hund wird mit einer Leine am Halsband, mit einer zweiten Leine am Sicherheitsgeschirr und mit einer dritten Leine, die wiederum am Sicherheitsgeschirr und an einem Bauchgurt des Menschen befestigt ist, geführt. Selbst wenn eine Leine aus der Hand fällt, der Mensch selbst erschrickt oder fällt, kann der Hund nicht fliehen.

Happy End – Nino hat sein Zuhause gefunden und ist heute ein fröhlicher, lustiger Hund
Er ist im Alltagsleben angekommen.

Alleinsein lernen

Es ist nicht immer möglich genau zu bestimmen, woran es liegt, trotzdem hilft eine Eingrenzung der Ursache, um richtig damit umzugehen und dem Hund (und Halter) helfen zu können.

Welpen, sehr junge Hunde oder Hunde, die in ihrem bisherigen Leben nur in Hundegruppen gelebt haben und nie wirklich allein waren, müssen das Alleinbleiben zuerst lernen. Hilfreich ist ein Üben mit den Hunden, und zwar von Anfang an. Egal, in welchem Alter sie zu uns kommen, Hunde, die keine Frustrationstoleranz haben, werden sich beschweren oder Dinge zerstören, wenn man sie allein lässt. Hunde, die nie gelernt haben, sich in einem Raum aufzuhalten und die nicht auf eine Decke oder in ihr Körbchen geschickt werden können und dort entspannen, werden es schwerer haben, das Alleinsein zu akzeptieren. Hunde, die ihre Halter ständig im Haus verfolgen und nie zur Ruhe kommen, haben auch häufig Schwierigkeiten damit. Solche Dinge kann man üben und den Hund sowohl an Ruhe als auch daran gewöhnen, ohne den Halter auf einem Platz zu entspannen. Unsicheren Hunden kann man auch etwas zum Kauen geben, das lenkt ab und Kauen baut zudem Stress ab.

Bei unsicheren Hunden ist es nicht sinnvoll, sich wegzuschleichen, ganz im Gegenteil, die Hunde brauchen die Sicherheit, dass der Mensch wiederkommt. Sie brauchen einen Menschen, der ihnen klar und sicher signalisiert: *„Es ist in Ordnung, dass ich jetzt gehe, es gibt nichts zu befürchten."* Eine Platzzuweisung oder auch eine Raumbegrenzung über eine Box kann gut sein und dem Hund helfen. Hat der Hund Vernachlässigung erfahren oder kann keine Bewältigungsstrategien entwickeln, ist ein stabiler Sozialpartner enorm wichtig, der verlässlich ist. Man kann parallel daran arbeiten, das Selbstbewusstsein und damit auch die Resilienz des Hundes zu stärken.

Dafür sind Herausforderungen, die man gemeinsam bewältigt, ein guter Trainingszusatz.

Der Hund kann gelernt haben, dass Alleinbleiben schlimm ist. Wenn es z. B. beim ersten Mal, als der Hund länger allein war, ein heftiges Gewitter gab, das den Hund erschreckt hat, wird er das womöglich auf das Alleinsein beziehen und daraufhin ein Problem damit haben. Das Gute dabei ist, dass alles, was gelernt wurde, auch wieder umgelernt werden kann. Hier kann man mit Gegenkonditionierung gute Erfolge erzielen, indem man in Zukunft etwas Positives mit dem Alleinsein verknüpft, z. B. einen Kauknochen, Kong oder auch das ganz besondere Spielzeug, das es nur dann gibt.

TEIL V – Fallbeispiele

KAPITEL 8

Geschichten, die das Leben schreibt

Hundetrainern und Tierheimen werden oft Hunde vorgestellt, die aus den unterschiedlichsten Gründen eine Angstproblematik mitbringen. Die Geschichten, die dahinterstehen, sind oft dramatisch und mit vielen Emotionen verbunden. Das Ziel ist immer, dem Hund die Angst zu nehmen und ihm ein normales Leben zu ermöglichen.

Hundetrainer leiten die Halter an und zeigen ihnen, wie sie ihren Hunden helfen können. Manchmal braucht es gar nicht so viel, um das Angstverhalten der Hunde deutlich zu verbessern. Leider kommt es aber immer wieder vor, dass Halter mit dem Verhalten ihres Hundes so überfordert sind, dass der Hund ins Tierheim abgegeben wird. Dort wird dann mit dem Hund gearbeitet, bis Ängste, Unsicherheiten oder Traumata abgebaut oder zumindest soweit verbessert sind, dass dieser Hund in ein neues passendes Zuhause ziehen kann. Für manche Hunde ist auch eine Pflege- oder vorübergehende Trainingsstelle eine bessere Option, als im alten Zuhause zu bleiben. Denn manchmal bewirkt schon ein Ortswechsel Wunder, und auf Pflegestellen lernen die Hunde das normale Leben kennen. Dort können die Hunde unter fachkundiger Anleitung auf einen weitestgehend angstfreien Alltag vorbereitet und dann in ein neues Zuhause vermittelt werden.

Die folgenden Fälle ähneln sich und sind doch so verschieden. Hunde sind Persönlichkeiten, die mit herausfordernden Situationen unterschiedlich gut klarkommen und unterschiedliches Verhalten zeigen. Meist kann man die Ursachen für das Verhalten nicht mehr rekonstruieren, die Hunde zeigen aber dennoch deutlich, wo ihre Probleme liegen, was eine Therapie erleichtert. Man muss die Vergangenheit des Hundes nicht in allen Facetten kennen, um ein Angstverhalten zu ändern.

Ins Tierheim „Tiere in Not Odenwald“ (in dem sich Ute Heberer und Katja Schumacher engagieren) kommen nicht nur Hunde von überforderten Haltern, auch andere Tierheime melden sich und bitten um Hilfe bei besonders schwierigen Fällen. Es kommen Hunde, die sich schon jahrelang nicht anfassen lassen und so ausschließlich in einem Zimmer oder Zwinger gelebt haben. Einige Hunde zeigen aggressives Verhalten und versuchen, ihre Halter oder die Tierheimmitarbeiter bei Annäherung zu beißen. Oft sind die Aussagen: *„Wir haben schon alles probiert“*, wenn die Hunde im Tierheim ankommen. Manche Hunde bringen ein schweres Päckchen mit und haben viele Vorerfahrungen gesammelt, die die Arbeit erschweren.

Die Arbeit mit sogenannten „Angsthunden“ ist nicht immer einfach und schön, am Ende profitieren aber immer die Hunde, und das ist sehr erfüllend. Die nachfolgenden Beispiele sind eine kleine Auswahl aus dem Hundetrainer- und Tierheimalltag.

Bernd – traumatisches Erlebnis

Bernd lebte mit seiner Familie seit Welpenalter an beschaulich in einem Zweifamilienhaus im ersten Stock. Trotz seiner Körpermasse lief der fünfjährige Rottweiler-Rüde die Treppenstufen behände hinauf und hinunter, sie waren nie ein Problem für ihn.

Eines Tages änderte sich alles. Als die Familie mit ihrem Hund vom Spaziergang kam, lief der Hund nicht – wie all die Jahre zuvor – schon ins Haus, sondern er zögerte bereits an der Haustür. Sie konnten ihn nur mit viel Überredungskraft dazu bringen, das Haus zu betreten, dann legte er sich flach auf den Boden und bewegte sich keinen Zentimeter mehr. Bernd zitterte wie Espenlaub.

Der Hund verbrachte die nächsten Tage in dem kleinen Eingangsbereich. Die Familie versuchte erfolglos mit allen ihnen möglichen Mitteln, den Hund zu überzeugen, doch wieder mit hinauf in die Wohnung zu gehen, ohne Erfolg. Verschiedene Hundetrainer wurden zurate gezogen. Es wurden Futterspuren gelegt, doch Bernd nahm kein Futter oder Wasser, sobald er am Treppenansatz lag. Aufgrund seines Gewichts war auch die Option, ihn die Treppe in den ersten Stock zu tragen, zumindest dreimal täglich, unmöglich. Er wehrte sich so unbändig, dass kein weiterer Versuch gestartet wurde. Aushungern half auch nicht. Konditionierungsversuche verweigerte er ebenfalls. Guter Rat war teuer, aber nicht hilfreich.

Es gab viele Mutmaßungen für die Ursache dieser offensichtlichen Angst vor der Treppe und für Bernds Weigerung, sie zu begehen. Er schlotterte, sabberte und zeigte viele weitere Stresssymptome, wenn man versuchte, ihn Richtung Treppe zu bewegen. An der Haustür konnte er zur Ruhe kommen. Der Verdacht, er habe sich verletzt oder

Schmerzen, wurde vom Tierarzt, der ihn gründlich untersuchte, nicht bestätigt. Bernd war für sein Alter kerngesund. Am wahrscheinlichsten war die Hypothese, die auch der Tierarzt bestätigte, dass während der Abwesenheit seiner Halter irgendetwas geschehen sein musste, ein lauter Knall, ein Sturz vielleicht, der dem Rüden sprichwörtlich noch in den Knochen steckte. Der Hund hatte ein regelrechtes Trauma.

Die Lösung war letztendlich denkbar einfach! Nach einem harmonischen Spaziergang mit viel Freude kam die Familie samt Hund entspannt auf das Haus zu. Die Tür stand auf. Noch bevor der Hund sein Tempo verlangsamen konnte, beschleunigte sein Halter das Tempo, den Hund kurz an der Leine und zog ihn mit Schwung mit sich. Im gleichen Moment lärmte der Rest der Familie hinter dem Hund so, dass er erschrak und nach vorn sprang. Der Lärm hielt an, bis der Hund vor lauter Schreck mitten auf der Treppe war. Hier änderte sich die Stimmung der ganzen Familie, und fröhlich aufmunternd liefen sie mit ihm den Rest der Treppe hinauf und feierten oben ein Freudenfest.

Es bedurfte lediglich zwei abgemilderter Wiederholungen und der Hund lief wieder wie gewohnt die Treppe hinauf und hinunter. Er zeigte dieses ängstliche Verhalten zukünftig nicht mehr.

Billy – erlernte Hilflosigkeit

Als der kleine Billy, ein wunderschöner Beauceron-Mischlingsrüde, im Alter von wenigen Monaten an die schwere Eisenkette gelegt wurde, fand er das sicher nicht schön. Bestimmt jammerte er sogar, doch wir sind uns sicher, irgendwann fand er sich mit seinem Schicksal ab.

Denn es gab kein Entrinnen, kein Spiel und keinen Freilauf. Man will es sich überhaupt nicht vorstellen, wie er die folgende Zeit, Tag ein Tag aus, überlebte. Wann es anfing zu schmerzen, wann die Eisenglieder seine Haut aufrissen, wie viele Wochen und Monate sie sich langsam tiefer in das Fleisch gruben, bis sie an der Wirbelsäule auf Widerstand stießen und Billy seine endgültige Größe erreicht hatte. Wann er sich nicht mehr traute, sich zu rühren, wann er lernte, im Sitzen zu schlafen – nur nicht bewegen.

Als ihn schließlich Tierschützer fanden und befreiten, war Billy völlig abgemagert. Ein breiter, übelriechender, eiternder und blutender Ring zog sich um den kompletten Hals. Tief darin sah man die Kette. Billy rührte sich nicht. Er zeigte weder Freude über die Rettung noch Appetit, als man ihm Futter und Wasser anbot. Er saß regungslos da. Zunächst wurde er in die Klinik gebracht, und in einer aufwendigen, langwierigen Operation wurde die tief und fest eingewachsene Kette entfernt. Es war anfangs nicht klar, ob er die Operation überleben würde und ob sich der Körper überhaupt am Hals wieder so regenerieren könne, dass ein Weiterleben möglich und zumutbar war.

Die Zeit heilt alle Wunden – das traf zumindest in Billys Fall zu!
In den folgenden Wochen wurde Billy mit der Hand gefüttert, er bewegte sich nicht. Er zeigte keine Freude, keinen Schmerz und kein Leid. Ein lebender Toter. Liebe Menschen setzten sich zu ihm und bemühten sich um Billie mit allem, was ihnen einfiel. Sie sprachen mit ihm, streichelten ihn und gaben ihm immer wieder die besten Leckerchen direkt in den Fang, denn Futter fraß er nur so viel, dass er überlebte. Zum Auffüttern und Kräftesammeln hätte es nicht gereicht. Auch Artgenossen, die man als Besuch mit in seine Box brachte, interessierten ihn nicht. Er schaute nicht einmal auf. Auch

bei Ritualen, also bei den täglichen Wiederholungen von Pflege und Zuwendung, um ihm das Leben zu erleichtern, zeigte er keinerlei Reaktion. Er ließ alles über sich ergehen. Selbst Untersuchungen, Blutentnahmen und Röntgenbilder konnte man ohne Hilfe durchführen, er wehrte sich nicht, reagierte nicht. In seine Box zurückgebracht, saß er dann wieder mit Blick zur Wand. Alle Mühen waren umsonst, so dachte man. Spaziergänge waren unmöglich, er ließ sich mitziehen, bewegte keine Pfote.

Als der Hals verheilt war – eine breite Narbe und einige Wirbel im Fell werden lebenslang daran erinnern –, musste endlich etwas geschehen, was den Hund in Erregung bringen sollte.

Da Versuche, ihn mit Brustgeschirr zu führen, misslangen, wurde ihm ein breites Lederhalsband angezogen. Die Hoffnung war, dass er sich gegen diese erneute Erinnerung an den alten Schmerz wehren würde und man da anknüpfen und ihn in Bewegung bringen könne. Doch auch dieser Versuch misslang. In der Durchführung wurde er ins Freie in eine Hundegruppe gebracht, wo einige junge Hunde herumtollten und spielten. Mehr zufällig beobachtete man, dass er mit den Blicken den Hunden folgte. So entschied man sich, den Hund mit Halsband und Leine einfach mittendrin stehen zu lassen.

Billy stand wie angenagelt, doch man konnte beobachten, wie er den Hunden mit den Blicken folgte, ohne den Kopf zu bewegen. Also wurde er täglich hinausgetragen und mitten zwischen die spielenden Hunde gestellt. Es dauerte Tage, bis er den Kopf bewegte. Und es dauerte weitere Tage, bis er sich bewegte, wenn die jungen Hunde spielerisch an seiner Leine zerrten. Das machte Mut, und so beschloss man, dass nun Menschen kleine Schrittfolgen an Halsband und Leine einforderten. Ganz wenige, ganz langsam, aber Schritt für Schritt.

Vier Monate nach den ersten Versuchen konnte man zaghaft mit ihm kleinere Spaziergänge machen. Er schnupperte zwar nicht, sondern lief wie ein Uhrwerk, so wie er es gelernt hatte, neben seinem Gassigänger her. Doch Billy war noch jung, und je mehr er merkte, dass Bewegung keinen Schmerz mehr verursachte, desto mehr nahm er seine Umwelt wahr. Ganz langsam bewegte er sich freier, wurde fröhlicher, und als er das erste Mal zögernd einer Spielaufforderung folgte und hinterherhopste, weinten die Anwesenden vor Freude.

Keiner, der den Hund kennengelernt hatte, konnte sich vorstellen, dass Billy zu einem ganz normalen Hund werden würde ... doch er schaffte es. Billy wurde nach sieben Monaten vermittelt und alle Beteiligten sind aus dem Häuschen, ihn in Filmen oder bei Besuchen ausgelassen wie ein Welpe rennen, toben und spielen zu sehen. Billy begleitet seine Menschen auf Bergwanderungen, an die See und aufs Boot. Selbst mit Situationen, die ihm fremd sind, kommt er gut klar, nur noch ganz selten kommt es zu leichten Unsicherheiten. Billy ist für seine Familie ein furchtloser und durch und durch fröhlicher Begleiter geworden.

Dina – Stimmungsübertragung

Dina kam als Junghund aus dem Ausland und benahm sich wie viele dieser Hunde, zurückhaltend, abwartend und etwas ängstlich. Das junge Paar, das Dina adoptierte, gab sich alle Mühe, dem kleinen Hund das Leben so angenehm wie möglich zu machen. Sie nahmen Rücksicht auf ihr Verhalten und wollten sie keinesfalls überfordern.

In einer Hundeschule lernte sie Grundgehorsam und einige Beschäftigungsmöglichkeiten. So konnte Dina Geschicklichkeitsspiele schnell entschlüsseln und hatte auch bei anderen Spielen ihre Freude; Gruppenstunden mochte sie nicht. Wenn es hektischer wurde, reagierte sie panisch. Entsprechend ging das Paar solchen Begegnungen und anderen Stressoren aus dem Weg.

Mit die Zeit entwickelte Dina aber immer mehr Unsicherheiten, reagierte immer panischer auf ihre Umwelt. Entsprechend mieden die Menschen immer mehr belastende Begegnungen für den Hund. Die Lebenssituation wurde dadurch immer schwieriger; Freunde zu besuchen oder Besuch zu empfangen war schwierig, weil Dina unruhig und nervös reagierte. Dina bellte und ließ sich kaum beruhigen, weggehen konnten sie mit ihr aber auch nicht, weil sie mit Furcht und Attacken auf fremde Situationen reagierte. Das Paar war durch den Hund in den meisten Lebensbereichen sehr eingeschränkt, ihre junge Liebe wurde durch den Hund stark belastet. Diese Belastung hielt das Paar auf Dauer nicht aus und man trennte sich, Grund war der Hund. Dina blieb bei ihrer Halterin, die noch mehr versuchte, den Hund zu schützen. Sie waren nun allein gegen den Rest der Welt. Je mehr die Halterin Probleme vermied, desto mehr tauchten auf. Dina entwickelte regelrecht Angstattacken. Sie war nervös, unruhig, zeigte immer mehr Attacken gegen Männer oder gegen Hunde, wenn sie draußen waren.

Geräusche machten ihr besonders zu schaffen. Knallgeräusche, Donner, egal was unvorhergesehen kam, ließ den Hund mit Hyperventilation, starkem Speicheln, Zittern und mit Flucht reagieren. Freilauf war damit nicht mehr möglich, musste man doch immer mit plötzlichen Geräuschen rechnen. Spaziergänge wurden zum Spießrutenlauf. Durch den Umzug aus der gemeinsamen Wohnung in einen Singlehaushalt konnte Dina nun aber auch nicht mehr allein bleiben. Wenn ihre Halterin versuchte, nur aus der Tür zu gehen, reagierte der Hund hysterisch. Verließ sie die Wohnung, tobte Dina, versuchte sich auszugraben, durch Türen und durch Wände. Immer wieder verletzte sie sich schwer aufgrund ihrer Fluchtversuche.

Verschiedene Hundeschulen konnten den beiden nicht wirklich weiterhelfen. Dina zeigte sich zwar unsicher, der Verdacht lag aber nahe, dass ihr Verhalten von ihrem Menschen unbewusst gesteuert, verstärkt und ausgelöst wurde.

Im August 2019 beschloss die Halterin, ihren Hund euthanasieren zu lassen. Sie sei am Ende ihrer Kräfte, der Hund selbst habe keinerlei Lebensqualität mehr. Sie berichtete: *„Dina frisst tagelang nichts, weil sie zuvor ein Geräusch gehört hat, zittert nur, speichelt und hechelt. Die Angstattacken sind für sie nicht mehr zu bewältigen. Es gibt nur wenige Momente am Tag, in denen der Hund entspannter ist. Das ist kein Leben mehr.“*

Ein Hundetrainer empfahl ihr dringend, Dina zuerst in ein Tierheim zu geben, um zu sehen, wie sie sich dort verhält. Die Halterin war nicht überzeugt, ließ sich aber überreden. So kam die Hündin Mitte August ins Tierheim. Noch während die Halterin den Pensionsvertrag ausfüllte, konnte man Dina im Freilauf mit anderen Hunden beobachten. Sie zeigte sich unsicher, aber neugierig. Die Hündin hatte ganz offensichtlich noch Lebensqualität. Die Beschreibung von Dina ließ ebenfalls hoffen, ihr helfen zu können. So wurde sie als freundlich und verschmust, zart und sensibel beschrieben. Ein Hund der gut hört, nichts verteidigt und nicht jagen geht. Grundsätzlich würde sie alle Menschen, ob groß oder klein, lieben. Und kaum war Dinas Halterin weg, wurde sie deutlich entspannter. Sie zeigte die nächsten Tage und Wochen kaum die beschriebenen Reaktionen. Lediglich bei Gewitter hechelte sie und war etwas unruhig, sie zeigte aber kein Fluchtverhalten und keine selbstverletzenden Attacken. Sechs Wochen nach Abgabe zog Dina zu einem älteren Ehepaar mit gleichaltriger Hündin. Und genau acht Wochen nach Abgabe und nur ein paar Tage nach ihrem zehnten Geburtstag erhielt das Tierheim folgende Nachricht der neuen Halter:

Hallo, liebes Team, ein kurzes Lebenszeichen von Dina: Wir befinden uns zurzeit in Nordholland im Urlaub. Dina hat sich wunderbar in unsere Familie eingefunden und sich unseren Gewohnheiten angepasst. Wir können sie überallhin mitnehmen, sie benimmt sich vorbildlich. Sie spielt und rennt wie ein Windhund am Strand entlang. Wir sind den ganzen Tag unterwegs, besichtigen Städte, besuchen Lokale, gehen shoppen und machen lange Strandspaziergänge. Dina macht alles brav mit. Starker Wind und Knallgeräusche verunsichern sie etwas, da finden wir sie schon mal unter dem Bett. Doch wenn sie dann gerufen wird, kommt sie recht bald wieder zu uns. Streicheleinheiten und Kuschelabende auf der Couch genießt sie sehr. Dina ist für uns schon jetzt eine Bereicherung. Sie zeigt so viel Lebensfreude und hat viel Energie, und wir glauben ... DINA IST GLÜCKLICH! Anbei einige Fotos. Liebe Grüße und bis bald ...

Der Hund musste zehn Jahre alt werden, um ein normales Hundeleben führen zu dürfen. Fast wäre sie vorher gestorben wegen einer Angst, die sie von der Halterin übertragen bekommen hatte. Denn im Abgabegespräch wurde deutlich, dass die junge Frau selbst soziale Ängste hatte und unter Depressionen litt.

Hedwig und Geanny – Teildeprivation

Hedwig und ihre Schwester Geanny, zwei Doggenmischlinge, stammten von einem Vermehrer, bei dem sie relativ frei, aber sich selbst überlassen aufwuchsen. Als der Tierbestand dort aufgelöst wurde, waren sie gerade mal eineinhalb Jahre alt. So kamen die beiden in ein Tierheim. Sie verkrochen sich sofort. Geanny war ausgesprochen unfreundlich und ließ niemanden an sich heran. Hatte sie die Möglichkeit, so lief sie weg; näherte man sich ihr in einer Ecke und nahm ihr die Möglichkeit zur Flucht, griff sie an. Hedwig verhielt sich etwas anders, sie lief auch weg, griff aber nicht an, sondern zitterte am ganzen Körper und bewegte sich gar nicht mehr, wenn man sich ihr näherte.

Eine Mitarbeiterin setzte sich mit stoischer Ruhe zu den beiden hin, sprach ruhig mit ihnen und versuchte sie mit Leckereien zu füttern. Geanny nahm das schnell an und kam immer wieder zu der Mitarbeiterin, um sich Futter abzuholen. Hedwig wollte kein Futter und kam auch nicht aus ihrer Ecke. Ging die Mittarbeiterin zu ihr, war es dann auch möglich, sie anzufassen. Aber sie zitterte dabei am ganzen Körper und wirkte wie weggetreten. Die Mitarbeiterin blieb dran, war liebevoll konsequent und konnte Hedwig bald ein Halsband und Geschirr anlegen, Futter nahm sie immer noch nicht. Hedwig wurde viel gestreichelt, konnte dies im Zwinger nicht annehmen und blieb zitternd liegen. Daraufhin holte man sie aus dem Zwinger, um sie draußen zu halten und zu streicheln. Sie wehrte sich jedoch immer und wollte zurück in die gewohnte Umgebung des Zwingers. Der erste Durchbruch kam mit erzwungenen Spaziergängen in den Wald. Schon beim zweiten Spanziergang begann die Hündin die Umwelt wahrzunehmen und konnte die Spanziergänge bald genießen. Bei Fremden zeigte sie noch Misstrauen, mit vertrauten Personen war sie, als erst einmal das Eis gebrochen war, schnell „aufgetaut" und wurde richtig witzig. Sie kam dann direkt an den Zaun. Wenn die ihr vertraute Person auftauchte, ließ sie sich bald problemlos anleinen und spazieren führen.

Geanny brauchte etwas länger als ihre Schwester, aber nach und nach konnte die Mitarbeiterin sie ebenfalls berühren, sodass man auch ganz langsam zunächst Halsband und dann Maulkorb aufsetzen konnte. Ein Rüde, mit dem Geanny im Tierheim zusammenlebte und an dem sie sich orientierte, konnte hier eine Brücke bauen, denn er war Menschen sehr zugetan und souverän. Ausgestattet mit Leine und Maulkorb ging es dann ganz schnell. Obwohl sie beides nicht kannte, akzeptierte sie das Halsband mit Leine und auch den Maulkorb ohne langwierige Gewöhnungszeit. Sie konnte schnell an der Leine laufen, und so ging es zusammen mit dem Rüden gut gesichert hinaus zum ersten Spaziergang. Und auch diese Hündin genoss den Wald von Anfang an. Wir stellten bald fest, dass Rennen diesem Hund besonders geholfen hat. Durch das gemeinsame Joggen, was stressabbauend wirkte, machte Geanny besonders große Fortschritte.

Mit unbekannten und ungewohnten Umweltreizen konfrontiert, reagierten beide Hündinnen noch mit Fluchtversuchen, eine doppelte Absicherung mit Brustgeschirr und Halsband sowie ein Bauchgurt am Gassigänger waren notwendig, denn die beiden waren kräftige große Hunde und ein Satz zur Seite hätte schnell die Leine aus der Hand gerissen. Was am Anfang noch schwierig war, ging schnell viel besser. Es fand sich jemand, der mit den Mädels joggen ging, während ein Fahrrad nebenherfuhr. Bald hatten sie sich so weit daran gewöhnt, dass sie auch am Fahrrad laufen konnten. Diese schnelle Bewegung, das Auspowern, das Rennen war wie eine Befreiung für sie und brachte die entscheidende Wende. Beide freuten sich auf die bekannten Menschen, kamen zur Zwingertür und ließen sich freudig anleinen und zum Spaziergang mitnehmen.

Alles andere kam wie von selbst, sie ließen sich festhalten, man konnte ihnen das Fell bürsten, und auch der notwendige Tierarztbesuch war kein Problem. Städtische Umgebung, Räume und andere Menschen waren bald nicht mehr gruselig. Als die letzte der beiden nach sieben Monaten Tierheimaufenthalt und Training vermittelt werden konnte, war nichts mehr von Ängstlichkeit oder Aggressionsverhalten zu erkennen.

Die Hunde stammten von Doggen ab, die seit Generationen sehr eng mit Menschen lebten. Diese epigenetische Zuwendung zum Menschen und das Vertrauen in diesen ließ die Hündinnen vermutlich sich so schnell öffnen und zutraulich werden, trotz schlechtem Start und schlechter Sozialisierung.

James – Trauma durch Fangschlinge

James kam im Alter von drei Jahren aus einer Tötungsstation. Sein hübsches Äußeres war der Grund, dass er auserwählt wurde und leben durfte; viele seiner Mitbewohner hatten dieses Glück nicht. Sein neuer Lebensraum wurde in ein privates Tierheim verlegt. Als er schließlich nach Deutschland in ein Tierheim kam, wirkte er neugierig, aber vorsichtig. Er wich aus und ließ sich nicht anfassen. Im allgemeinen Sprachgebrauch hätte man sicher von einem „Angsthund" gesprochen. Körpersprachlich zeigte er keine Angstsignale und auch keinen Stress. Er wirkte relativ locker, zugänglich und offen, zeigte aber Meideverhalten, wenn er bedrängt wurde.

In der Folgezeit bemühten sich Helfer mit vertrauensbildenden Maßnahmen um den Hund. James wurde aus der Hand gefüttert und es wurde ihm gut zugeredet. Hatte man jedoch eine Leine oder ein Halsband in der Hand, floh er sofort und knurrte. Ohne diese Utensilien war er wieder freundlich; Körperkontakt war aber nicht möglich. Damit James alle Vorteile bekommen konnte, die das Tierheim mit Hundegruppen, Spielwiesen und Spaziergängen oder Ruhezeiten im Büro bot, musste er sich an die Leine gewöhnen.

Da er die Menschen begrüßte und freudig auf sie zulief, ging man von einer unspektakulären Einfangaktion aus mit dem Ziel, mit ihm an der Leine aus dem Hundehaus gehen zu können. Weit gefehlt. James gebärdete sich wie von Sinnen, als er eine Schlinge um den Hals spürte. Er wälzte sich am Boden, drehte sich um die eigene Achse und schrie. Versuchte man ihn zu beruhigen, biss er hysterisch um sich. Da der Hund bewusst Aggression einsetzte, um sich die Menschen mit der Leine auf Abstand zu halten, konnte man die Aktion an dieser Stelle nicht abbrechen, denn das hätte bedeutet, dass der Hund mit seinem Verhalten Erfolg hatte und in Zukunft wahrscheinlich schon früher Abwehrverhalten zeigen würde. James wurde also schnell fixiert und es wurde ihm ein Maulkorb aufgesetzt. Im Anschluss wurde er mit Sicherheitsgeschirr, gutsitzendem Halsband und Leine ausgestattet.

Es stellte sich schnell heraus, dass James Menschen gut kannte. Berührungen waren nicht sein Problem, sie waren ihm nur fremd. Was ihm wirklich Angst machte und Panik auslöste, war eine Schlinge. Hunde im Ausland werden häufig mit Schlingen gefangen. Unsensible Menschen würgen dabei die Hunde, um sie zu verfrachten. Viele Hunde erleiden dadurch massive Atemnot mit Todesangst und sie reagieren bei Zug am Hals mit Flucht (Flight) oder Aggressionsverhalten (Fight). James ging es ebenso. Nun ist aber ein Zusammenleben ohne Leine mit Hunden in unserer Umwelt schlecht möglich.

James trug die ersten Tage den Maulkorb dauerhaft, damit man gefahrlos trotz Drohverhalten mehrmals am Tag auf ihn zugehen und die Leine aufnehmen konnte. Es wurde leichter Druck mit der Leine am Brustgeschirr ausgeübt, was ihn nicht so sehr beunruhigte. Sobald er sich ruhig verhielt, wurde die Leine gelockert. Schnell begriff James durch diese negative Belohnung, ruhig zu bleiben, und konnte erfahren, dass nichts weiter passierte. Es setzte sich lediglich der Mensch zu ihm und streichelte ihn, was er bald annehmen und genießen konnte.

Von da an wurde täglich mit dem gleichen Ritual der Maulkorb auf- und abgesetzt, bis dies kein Probelm mehr für ihn darstellte. Während der Streicheleinheiten wurde immer wieder einmal eine weiche Schlinge über seinen Kopf gestreift und wieder abgenommen, bis er auch das geduldig aushalten konnte. Zudem wurde immer wieder einmal am Halsband gedreht und gezuppelt, damit er diesen Druck auf den Hals tolerieren konnte.

Es dauerte nur wenige Tage, bis man all das vorher Geübte in die Bewegung mitnahm und ihn an der Leine führte. Zuerst einzelne gemeinsame Schritte, die sofort negativ belohnt wurden, indem die Leine locker gelassen wurde, sobald er sich mit dem Menschen bewegte. Schritt für Schritt lernte er an der Leine zu laufen. Nach zwei Wochen konnte James das erste Mal spazieren gehen. Er kam freudig auf die Menschen zu und ließ sich anleinen. Nach den ersten Metern lief er locker an der Leine. Er wurde doppelt geführt, mit Brustgeschirr und Halsband. Ein Maulkorb war nicht mehr nötig. Und genau zwei Monate nach seiner Ankunft konnte er schon in ein neues Zuhause umziehen. Die neuen Halter wurden genauestens instruiert, wie sie sich in welchen Situationen verhalten sollen. Das angepasste Equipment wurde ihnen mitgegeben, denn man vermutete, dass alles Neue zu Rückfällen führen könnte und er mit Fluchtgedanken reagiere.

Doch Umweltreize störten ihn von Anfang an nicht. Er kannte vieles, ihn störten kein Lärm und keine Fahrzeuge. Er hatte sicher die ersten Jahre frei auf der Straße gelebt. So waren es wenige Dinge, an die er sich wirklich gewöhnen musste, wie z. B. in ein Auto einzusteigen, in ein Gebäude zu gehen, keine Schränke abzuräumen. Doch da er den Menschen durchaus vertraute und Hilfestellung annehmen konnte, wurde aus dem misstrauischen „Angst“-Hund schnell ein fröhlicher

Begleiter, der keine drei Monate später frei laufen durfte und einen kleinen Teil seiner früheren Freiheit somit zurückbekam, zusammen mit etlichen neu gewonnenen Vorteilen eines Lebens in Deutschland.

Luana – misstrauisch und territorial

Auf der Vermittlungsseite des Tierschutzvereins stand Folgendes: Luana ist 3,5 Jahre alt, kastriert, gechippt und geimpft. Sie hat eine Schulterhöhe von 40 cm und wiegt 16 kg. Luana ist eine eher unsichere Hündin mit wenig Vertrauen gegenüber Menschen. Sie wurde wegen Bissigkeit abgegeben. Laut unserer kompetenten Hundetrainerin ist dieses Verhalten jedoch relativ einfach in den Griff zu bekommen. Ein Anti-Beiß-Training ist Bedingung für die Abgabe! Anderen Hunden gegenüber unterwirft sich Luana meist passiv und es gibt selten Meinungsverschiedenheiten. Hat Luana einmal Vertrauen zu ihrem Menschen gefasst, ist sie ein unglaublich lieber Hund. Sie schmust sehr gern und schaut einen mit ihren Rehaugen eindringlich an. Umso wichtiger ist es für die neuen Halter, sich nicht von ihr um die Pfote wickeln zu lassen. Luana benötigt eine konsequente Führung. Luana wird ausschließlich an hundeerfahrene Menschen ohne Kinder im Haushalt abgegeben. Andere Hunde wären kein Problem.

Zur Geschichte: Luana und ihr Bruder Winnie sind Geschwister und wurden gemeinsam im Alter von sechs Monaten aus Rumänien in eine deutsche Familie aufgenommen. Der Familienvater arbeitete überwiegend im Ausland, war fast nie daheim. Die Kinder waren bei Abgabe der Hunde dreieinhalb, acht und zehn Jahre alt. Letztendlicher Grund der Abgabe war, dass das neu hinzugekommene Baby in der Familie, gerade neun Wochen, von Luana gezwickt wurde, während es auf dem Schoß der Mutter saß. Aber auch davor war das Leben der Familie schon sehr eingeschränkt. Leider wurde mit den Hunden kaum trainiert, sondern es wurde einfach angenommen, dass das Verhalten der beiden Hunde sich mit der Zeit von selbst bessern würde, wenn sie nur mehr Vertrauen bekämen. Die Familie dachte, die Hunde hätten Angst. Winnie war der Kläffer, Luana die Bissige. Die Familie konnte keinen Besuch empfangen und nur die Mutter hatte die Hunde notdürftig im Griff, dass es keine Verletzten gab. Die zehnjährige Tochter hatte keine Angst vor den Hunden, der achtjährige Sohn schon.

Es war klar erkennbar, dass sich die Hunde gegenseitig in ihrer Abwehrhaltung aufstacheln. Beim kleinsten Geräusch wurde gebellt und die Hunde ließen sich quasi durch nichts aus dieser „Rolle" bringen. Sie kläfften lang anhaltend wie automatisiert. Dabei standen sie sich oft schräg gegenüber (bildeten quasi ein Dreieck, in dem die Köpfe relativ nah aneinander standen) und schauten sich dabei an. Betrat jemand unvorhergesehen „ihr eigenes Grundstück", wurde diese Person sofort von den Hunden attackiert und, wenn erreichbar, von Luana gezwickt. Folge: große blaue Flecke. Nach dem Beißvorfall mit dem Kleinkind wurde die Entscheidung, die lange im Raum stand und doch immer wieder hinausgezögert wurde, durchgezogen. Die Hunde wurden im Tierheim abgegeben.

In der ersten Woche im Tierheim drohte Luana immer wieder der neuen Bezugsperson, sie ließ sich von niemandem anfassen. Als die Bezugsperson merkte, dass sie mit Strenge die Situation verschlechterte (Drohverhalten wurde deutlicher), versuchte sie zunächst ausschließlich Vertrauen aufzubauen, indem sie stundenlang bei den Hunden saß. Sie sprach Luana gut zu, wenn sie gefüttert oder ihr die Leine angelegt wurde. Man ließ sie ansonsten in Ruhe. Nach einer

Woche war der Knoten geplatzt und ab diesem Zeitpunkt konnte die neue Bezugsperson alles mit Luana machen. Luana hatte sich ihr ab diesem Zeitpunkt komplett untergeordnet. Alles war plötzlich möglich: auf den Rücken legen, aktives Unterwerfen, Rügen, Strenge, Krallen kürzen etc. Doch kein anderer Mensch durfte sie anfassen.

Schnell wurde deutlich, dass Luana schlauer war als ihr Bruder Winnie. Beispiel: Wenn die Tür des Hundehauses geöffnet wurde, schallte einem ein nicht enden wollendes Gekläffe entgegen. Ging man wieder hinaus und wartete, bis es ruhig war, bevor man wieder hineinging, kläffte nach dem zehnten Versuch Winnie aufs Neue. Luana hatte bereits nach dem zweiten Mal verstanden, dass man nur bleibt, wenn es ruhig ist. Luana ging von Anfang an sehr gut an der Leine und regte sich wenig bis gar nicht auf, wenn jemand entgegenkam. Ganz anders als Winnie, der wild an der Leine zog, in Kombination mit sich überschlagender Stimme und Anspannung. Die Vorbesitzer hatten beide Hunde beim Gassi frei laufen lassen, so dassdas Leinelaufen nicht geübt wurde.

Im Tierheim wurde deutlich, dass Luana kein Angstbeißer war, wie zuvor vermutet wurde. Die beiden Hunde waren Fremden gegenüber misstrauisch. Warum Luana den Säugling zwickte, war nicht zu erklären. Luana zeigte ressourcenbedingte Aggression, gerade beim Futter, auch gegenüber ihrem Bruder. Im Freilauf waren die Hunde verträglich, Luana zeigte sich aber defensiv aggressiv und mied den Kontakt. Sie stellte im Erstkontakt das Fell, ob bei Menschen oder bei Hunden. Sie vertraute ausschließlich ihrer neuen Bezugsperson. Alle anderen Personen wurden attackiert – bei gemeinsamen Besuchen auch der Partner der Bezugsperson. Nach einigen Monaten und nachdem Winnie vermittelt war, durfte Luana in den Haushalt der ihrer Bezugsperson als Pflegehund umziehen. Sie hielt sich auf Anraten des Hundetrainers in der ersten Woche viel in einem begrenzten Raum auf, was ihr Verhalten schon deutlich veränderte. Auch der Partner der Bezugsperson wurde nun von Luana akzeptiert. Der Hundetrainer zeigte sich im neuen Zuhause von Luana, die mit Maulkorb abgesichert war, sehr unbeeindruckt und ließ sich nicht vertreiben. Luana nahm mehrfach Anlauf und stieß mit Maulkorb auch immer wieder zu. Als der Trainer aber stehen blieb, wich Luana irritiert zurück und verbellte nun ihre Bezugsperson. Sie fragte lautstark nach Hilfe und Unterstützung. Das war ein guter Zeitpunkt, dem Hund zu zeigen, wie man mit Besuchern zukünftig umgeht. Es stellte sich nämlich heraus, dass Luana nicht ängstlich oder unsicher war, sondern so lange heftiges defensives Territorialverhalten zeigte, bis der Mensch eingreifend die Situationen zukünftig regelte.

Nachdem das geklärt war und Luana zwar anschlagen durfte, aber nicht mehr attackierte, war die Entscheidung gefallen und sie wurde von der Pflegestelle übernommen.

Melina – mangelnde Sozialisation

Irgendwo im Nirgendwo waren ein Firmengelände und ringsherum ein Wald, in dem Melina mit einem weiteren Hund lebte. Irgendwann sah man Melina nur noch allein. Man befürchtete auch Schaden für Melina, und so wurde sie angefüttert, gefangen, kastriert und nach Deutschland gebracht. Hier angekommen, verhielt sich Melina ängstlich und lief sofort weg, wollte man mit ihr Kontakt aufnehmen. Bei Nachdruck schrie sie ganz gern einmal prophylaktisch. Nach ca. zwei Monaten allein im Zwinger konnte man Melina ruhig in die Ecke drängen und streicheln. Ein Halsband anlegen war zu diesem Zeitpunkt noch unmöglich. Trotz vieler Mühe und viel Engagement ging es nicht weiter voran. Wurde versucht, ihr doch eine Leine umzulegen, schrie der Hund und drehte sich wie ein jagendes Krokodil.

Eine ehrenamtliche Mitarbeiterin suchte sich Hilfe und nahm an einem Seminar des Landestierschutzverbandes Hessen für Tierheimmitarbeiter teil. Nach dem theoretischen Teil wurde gezeigt, wie man mit negativer Belohnung dem Hund helfen kann. Per Telefon und Videoanalysen wurden die weiteren Trainingsschritte für Melina besprochen. Leider stand die Leitung des Tierheims auf dem Standpunkt, man dürfe einen solchen Hund keinesfalls anfassen oder gar anleinen, solange der Hund nicht freiwillig auf den Menschen zukomme. Um dem Hund aber aus der Einsamkeit ins Leben zu helfen, wurde heimlich trainiert, und schon bald zeigten sich schnelle Fortschritte.

Da aber der Umgang nicht einheitlich war, weil der Trainingsweg abgelehnt wurde, fiel Melina immer wieder in das Meideverhalten zurück. Hilfe brachte die Unterstützung durch einen souveränen weiteren Hund in ihrem Zwinger. An seiner Seite traute sich Melina, den Zwinger und danach das Tierheimgelände zu Ausflügen und Spaziergängen zu verlassen. Sie wirkte auf diesen Spaziergängen sogar richtig ausgelassen und entspannt. Das Anleinen war immer noch problematisch, aber es ging wesentlich schneller als zu Beginn.

Als aber bekannt wurde, dass heimlich mit Melina gearbeitet wurde und dies entgegen der Anweisung der Leitung, blieb als Option nur aufzugeben oder den Hund zu übernehmen. So geschah es dann auch, Melina wurde von ihrer Helferin übernommen. Da ihr Verhalten aber noch nicht „alltagstauglich“ war, kam sie für drei Monate zum Training in Pension zu „Tiere in Not Odenwald“. Ab dort ging die Kurve ihrer positiven Entwicklung nur noch steil nach oben.
Im echten Zuhause angekommen, wurde sie ebenfalls von einem schon vorhandenen souveränen Althund unterstützt, an dem sie sich orientieren konnte. Ängstliches Verhalten an der Straße, z. B. bei

vorbeifahrenden Autos, wurde durch Herstellen des Körperkontakts sehr schnell abgebaut. Unterstützend half sicher auch der Körperkontakt; nachts schlich sie sich heimlich ins Bett und verlies dieses wieder beim Aufwachen der Menschen. Alle Besucher, auch fremde Menschen, „mussten" sie streicheln, was Melina zunehmend besser akzeptierte und genießen konnte.

Ein Problem, mit dem niemand rechnete, kam, je sicherer Melina wurde. Sie zeigte immer mehr gesteigertes Jagdverhalten und benötigte sogar Antijagdtraining.

Melina ist bis heute kein Hund, der mit Menschen ausgelassen spielt. Ein solches entspanntes Verhalten zeigt sie nur mit dem Zweithund. Jedoch ist sie mittlerweile penetrant und möchte ständig und dauernd gestreichelt werden – egal von wem. Sie belästigt dabei sogar fremde Menschen! Dies wird gern geduldet, da es doch zeigt, wie sehr sie ihre Ängste abgelegt hat.

Sie hat sich zu einem relativ entspannten Hund gemausert, der viel und lange schläft. Ihre Hobbys sind essen, schlafen und gestreichelt werden. Spaziergänge werden überbewertet, es reicht, sich zu entleeren. Sie ist sehr auf sich und ihre Vorteile bezogen, verfolgt sicher ihre Ziele und öffnet dazu auch Türen.

Ihre Silvester- und Gewitterangst hat sie nie ganz abgelegt. Jetzt, wo sie älter wird, reagiert sie vermehrt schon bei Veränderung des Luftdrucks vor einem Gewitter. Auch bei ihr fremden oder nicht zuordenbaren Geräuschen erschrickt sie wieder mehr und verzieht sich dann. Sie bekommt derzeit unterstützend Schmerzmittel und CBD-Kekse, dadurch wird sie lockerer und sucht bei Stress eher die Gesellschaft.

Patrizia – gute Sozialisation für ein anderes Leben

Patrizias Geschichte liest sich wie ein Märchen und sie wäre eine Verfilmung wert.

Geboren wurde die hübsche, schlanke Hündin in einem Feld in Rumänien, Menschen lernte sie in den ersten Wochen ihres Lebens nicht kennen. In der relativen Wildnis fand sie mit ihrer Mutter und ihren Geschwistern genug zu essen. Als es kalt wurde und das Futter knapp, zog die erfahrene Hündin mitsamt Kindern in Richtung Zivilisation, wusste sie doch, wo man dort immer etwas zu essen findet und so ihre Kinder durch den strengen Winter kommen würden. Die Hunde waren schon fast erwachsen, als das Rudel in den Straßen auftauchte. Dort warteten leider bereits die professionellen Hundefänger, die den meisten Geschwistern ziemlich bald habhaft wurden. Die erfahrene Hündin kannte aber die Gefahr und konnte sich und zwei weitere ihrer jugendlichen Kinder retten. Im Jahr darauf jedoch gelang es einem Hundefänger, Patrizia bei der Futtersuche zu erwischen und fing sie ein.

Für Straßenhunde werden Fangprämien bezahlt, die Hunde kommen meist in öffentliche Auffanglager, wo sie nach einer Karenzzeit getötet werden, falls sich kein Besitzer meldet. Der Umgang ist mehrheitlich grob, oft werden die Hunde mit Fangstangen gewürgt und an der Stange mit Schwung ins Auto geworfen. Verletzungen und Ohnmacht werden in Kauf genommen. Zahlreiche öffentliche Dokumentationen können uns ein kleines Bild davon geben, wie es Patrizia vermutlich erging. Sie hatte aber doch Glück im Unglück, denn sie kam in ein privates Tierheim, das nicht tötet. Nach fast einem weiteren Jahr, die Hündin war nun über zwei Jahre alt, kam sie nach Deutschland.

Ein Tierheim hatte sich bereit erklärt, die scheue, um sich beißende Hündin aufzunehmen. Schnell wurde aber klar, dass dieser Hund doch eine Nummer zu heftig war; sie bekamen Angst vor ihr und gaben sie kurzerhand weiter. Die Odyssee endete zunächst in dem vierten Tierheim, in dem sie mit einem Rüden vergesellschaftet wurde. Dort saß sie fast ein Jahr in einer Doppelbox mit Blick auf weitere Zwingeranlagen. Als ihr Partner endlich vermittelt werden konnte, blieb sie einsam und allein zurück. Man wusste nicht, wie man sie einschätzen und wie man sie von A nach B bringen solle, um eine weitere Vergesellschaftung zu versuchen. Es wurde das fünfte Tierheim eingeschaltet, das diese Hündin mit den traurigen, aber so tiefgründig wachen Augen einpackte und mitnahm.

Jetzt hätte alles so schön werden können. Es gab ein neues Hundehaus, eine abwechslungsreiche Anlage, verschiedene Ebenen und einen neuen Zaun nebst Türen. Aber man hatte nicht mit der Gerissenheit der Hündin gerechnet. Nur wenige Tage nachdem sie in dem Tierheim in einer großen Hundegruppe angekommen war, schaffte sie es, eine Tür zur Schleuse zu öffnen. Als die Mitarbeiter morgens kamen, waren alle Hunde in der Schleuse, auch Patrizia. Als man aber anfing, sie wieder in die Anlage zurückzuschicken, sprang Patrizia kurzerhand über den Zaun und war weg.

Da sie sich in den Folgetagen um das Tierheimgelände herum aufhielt, wurde eine Lebendfalle aufgestellt und mit bestem Futter bestückt. Gleich in der ersten Nacht hatte Patrizia Kontakt mit der Falle, sie konnte sich aber wohl irgendwie erneut befreien und mied fortan diese Stelle, an der sie vorher angefüttert worden war, in großem Bogen. Mehrere Futterstellen wurden nicht angenommen, bis sie schließlich in der Nachbarschaft an einem unbewohnten Zwinger fraß. Über Wochen wurde ganz langsam die Schüssel Zentimeter für Zentimeter weiter in den Zwinger gestellt, bis sie vertrauensselig zum

Fressen hineinspazierte, beobachtet von einer Wildtierkamera. Dann kam der große Tag. Schon Tage vorher war ein Seil an der Tür befestigt worden, dass sie anfangs argwöhnisch beäugte, dann aber akzeptierte. Die Tierschützer legten sich nachts auf die Lauer und als die Hündin in den Zwinger marschierte, zog man am Seil und die Tür hinter ihr war zu. Patrizia schrie und biss wie von Sinnen in die Verkleidung. Sie schaffte es innerhalb von Minuten, das Material so zu verbiegen, dass sie sich durch ein eigentlich viel zu kleines Loch nach draußen winden konnte. Weg war sie wieder und um einige Erfahrungen schlauer. Patrizia ging in keine Gebäude, in keine Fallen und keine Umzäunungen mehr, aber sie hielt sich weiterhin um das Tierheim herum auf. Sie wurde weiterhin gefüttert, man beobachtete sie, sie bekam Medikamente, wenn notwendig, denn mal humpelte sie und man vermutete Kontakt zu einem Auto. Mal hustete sie, mal wirkte sie schlapp oder fiebrig. Meist sah man sie auf einer angrenzenden Wiese in der Sonne liegen, manchmal besuchte sie Hunde im Nachbarort, man beobachtete sie sogar, als sie über den Zaun aufs Tierheimgelände kam und morgens flüchtete, wenn es voller wurde.

Ihre Freiheit dauerte drei Jahre, in denen sie oft wie ein Phantom lebte. Man sah sie täglich irgendwo, oft direkt am Straßenrand liegend. Die Jäger, die Ordnungsbehörden und die Polizei kannten sie, denn oft genug wurde ein frei laufender Hund gemeldet. Sie war mittlerweile in die Jahre gekommen, wurde langsamer und ruhiger, als man merkte, dass sie Anschluss suchte. Sie lief Spaziergängern hinterher, besuchte und schlief in der Nähe von Hunden. Also beschloss man einen erneuten Fangversuch.

Wieder über viele Wochen wurde sie an einer Hütte angefüttert. Diesmal nahm sie die Hütte an, war aber unglaublich vorsichtig. Wieder mit einer Wildtierkamera wurde genau dokumentiert, wann sie kam und wie lange sie blieb. Nach fast vier Monaten traute man sich endlich und präparierte das Futter. Alles war verschraubt und vernagelt, damit sie im ersten Schreck nicht wieder flüchten konnte. Man wartete lange genug, um zu wissen, dass sie genügend Schlafmittel aufgenommen hatte, und zog die Tür zu. Und es gelang, Patrizia war gefangen. Noch in Narkose kam sie in einen ausbruchsicheren Zwinger.

Anfangs war sie sehr aggressiv, ließ niemanden in ihre Nähe. Man hatte aber das Gefühl, es war ihr nicht unrecht, nun warme Decken, warme Zimmer, Gesellschaft und einen immer vollen Napf zu haben. Ganz langsam fassten beide Seiten – Mensch und Hund – Vertrauen, und Monate später ging Patrizia an der Leine spazieren und konnte so in Begleitung ihr altes Revier wieder abschreiten. Nochmals Monate später hatte man so weit Vertrauen, dass Patrizia nicht mehr über die Zäune flüchten würde, und sie durfte auf dem Gelände des Tierheims frei herumlaufen und wohnen. Sie ließ sich problemlos anfassen und führen, Futter gab es jedoch nur im Haus und das Ritual wird bis heute eingefordert. Patrizia ist mittlerweile eine alte gebrechliche Hündin, die gern auf Distanz beobachtet, sich aber von jedem Besucher auch streicheln lässt. Von ihrer Wildheit und der großen Scheu ist nichts mehr geblieben. Keiner würde in dieser lieben Hündin das Phantom erkennen. Und bis zu ihrem Lebensende darf sie weiter im Tierheim ihres Vertrauens leben und wird verwöhnt. Eine Vermittlung ausgeschlossen!

Paura – Angststörung

Paura, eine Rhodesian-Ridgeback-Dobermann-Mixhündin, wuchs ca. vier Jahre lang unter tierschutzwidrigen Umständen in Zwingerhaltung in Deutschland auf und wurde dann von ihrem Halter in ein

Tierheim abgegeben. Zwei Wochen später wurde sie an ihre heutigen Halter vermittelt, die bereits eine in Deutschland ausgesetzte und damals sehr verhaltensauffällige Hündin (Senza) besaßen. Man vermutete bei beiden dieselbe Herkunft, und anhand genetischer Tests, die das zuständige Veterinäramt in Auftrag gab, stellte sich heraus, dass Senza, ebenfalls eine Rhodesian-Ridgeback-Dobermann-Mischung, die Tochter von Paura war.

Paura zeigte bei den neuen Haltern zunächst eine gewisse Umweltunsicherheit und deutliche Geräuschempfindlichkeit. Die Eingewöhnung verlief weitgehend unproblematisch. Menschen gegenüber war sie – im Gegensatz zu ihrer Tochter – vorsichtig, aber grundsätzlich aufgeschlossen. Senza und Paura verstanden sich von Anfang an und suchten die gegenseitige Nähe und viel Körperkontakt. Inwieweit ein Wiedererkennen als Mutter und Tochter stattfand, kann man nicht beurteilen.

Es begann ungefähr ein Jahr später, als Paura urplötzlich, von „heute auf morgen", panische Angst „vor dem Himmel und der Sonne" entwickelte und nicht mehr nach draußen wollte. Spazierengehen bei blauem Himmel und Sonne ging, wenn überhaupt, nur unter massivem Zwang. Sie verhielt sich dabei derart panisch, dass sie nicht mehr ansprechbar war und alle vier Pfoten in den Boden krallte, sich fast liegend gegen den Boden stemmte, mit zwischen den Beinen eingeklemmter Rute, und geduckt nach Hause oder in ein sicheres Versteck (wie etwa das Auto oder unter eine Bank) zog. Dabei zitterte sie am ganzen Körper, die Augen waren meist zum Himmel gerichtet. Manchmal schien es zudem, dass ihr Kondensstreifen von Flugzeugen am Himmel zusätzliche Angst machten. Paura hielt sich freiwillig nur noch im Haus auf, und wenn man sie dazu zwang, mit im Garten zu sein, versteckte sie sich sofort, z. B. unter einer Bank oder in einem

Gebüsch, wieder am ganzen Körper zitternd. Im Haus mied sie Fensterbereiche; gelang ihr das nicht, versuchte sie stark zitternd sich zu verstecken. Es war – neben den rein praktischen Problemen, einen 33 kg schweren sich derart verhaltenden Hund nach draußen zu führen und zu halten – ausgesprochen belastend, den Hund so panisch und leidend zu sehen, ohne auf ihn einwirken zu können.

Bei bedecktem Himmel oder in der Nacht war ein Spaziergang hingegen möglich und ihr Verhalten draußen wie im Haus – abgesehen von „sichernden Blicken" zum Himmel – weitgehend unauffällig.

Die Menschen von Paura suchten Rat bei einer Hundetrainerin, die ihnen bereits bei Senzas Verhalten geholfen hatte. Sie empfahl, Paura einem neurologisch spezialisierten Tierarzt vorzustellen und umfassend untersuchen zu lassen, um eine physiologische Störung, wie etwa eine Augenerkrankung, auszuschließen. Bei der dann folgenden Untersuchung konnten keine krankhaften Veränderungen festgestellt werden, die ihr Verhalten hätten erklären können, sodass von einer Verhaltensstörung auszugehen war.

Aufgrund des massiv und anhaltend panischen Verhaltens, das eine „Ansprache" und Steuerung durch den Halter nahezu ausschloss, entschied man sich zu einer Arzneimitteltherapie mit dem Wirkstoff Selegilin. Selegilin ist ein Monoaminooxidase-Hemmer (MAOH). Als MAOH-A und MAOH-B erhöht es die Konzentration der monoaminergen Neurotransmitter (Dopamin, Serotonin, Noradrenalin und Adrenalin). Selegilin wird beim Hund zur Behandlung von Verhaltensstörungen emotionalen Ursprungs in Verbindung mit einer Verhaltenstherapie eingesetzt. Das Arzneimittel wurde jeweils morgens an Paura mit dem Ziel verabreicht, dass der Hund in seiner Angst wieder ansprechbar wird – Voraussetzung für eine Verhaltenstherapie.

Bei der begleitenden Verhaltenstherapie wurde Paura weiter dem Reiz „blauer Himmel“ – etwa bei Spaziergängen – ausgesetzt. Dabei wurde versucht, ihre Aufmerksamkeit auf den Halter bzw. den Spaziergang zu richten, indem z. B. fortwährend klare Anweisungen gegeben und durchgesetzt wurden. Hierzu gehörte in ihrem Fall das Signal „Zurück“, das bedeutete, dass sie hinter bzw. maximal auf Kopfhöhe neben den Haltern, keinesfalls aber an der Leine ziehend davor, zu gehen hatte. Das Signal wurde neben dem akustischen durch deutliche körperliche Beschränkungen (Vor-den-Hund-Stellen, Zurückdrängen, Begrenzen) eingefordert. Weiterhin wurden in kurzer Reihenfolge – je nach Verhalten – die Signale „Sitz“ und „Bleib“ gegeben und ebenfalls durchgesetzt. Dabei erfolgte das Signal oder die Durchsetzung nie ärgerlich oder emotional, sondern – so weit möglich – sachlich-souverän und bestimmt. Ziel war stets, Paura durch eine klare Aufgabe aus der Fixierung auf den Himmel und ihrer Angst zu reißen. Als hilfreiche Ablenkung erwies sich auch ein „schneller“ Auslauf, wie etwa beim Jogging und Fahrradfahren, da Paura sich dann ganz offensichtlich stärker auf die Tätigkeit des Laufens konzentrieren musste und ihr weniger Möglichkeiten blieben, den Himmel zu beobachten und ängstlich zu sein.

Allerdings schienen in den ersten Wochen weder eine Medikamentengabe noch ein Verhaltenstraining eine Veränderung ihres Verhaltens herbeizuführen. Der Umgang mit dem ängstlichen Hund, das Gefühl, ihn kaum zu erreichen, und wenn, dann nur mit massiver Einwirkung, war ausgesprochen belastend. Es half aber, daran zu denken, dass der Hund im Halter einen sicheren Partner sucht, der Orientierung gibt und sich nach Möglichkeit dadurch auszeichnet, sich nicht aus der Ruhe bringen zu lassen. Also musste man dem Hund zeigen, dass die Situation, trotz des blauen Himmels spazieren zu gehen, völlig normal war und damit für diesen auch zumutbar.

Innerlich sagte man sich: „*Komm, meine Süße, alles normal … Da machen wir jetzt mal keinen Aufstand. Und weiter geht's.*“

Eine deutliche Änderung setzte erst ca. sechs Wochen später ein und ist für das eingesetzte Arzneimittel auch nicht ungewöhnlich. Therapeutisch wird bei der Gabe von Selegilin von einem Wirkungseintritt nach zwei bis sechs Wochen ausgegangen. Pauras Angst war ab dieser Zeit wieder gut handhabbar, wenngleich sie weiter „den Himmel mit Blicken sicherte“ und mitunter stimmungsmäßig deutlich gedämpft war (z. B. deutlich gesenkte Rute). Sie ging wieder in den Garten, legte sich in die Sonne, war auf Spaziergängen meist gut ansprechbar und geriet nur noch bei plötzlichen lauten Geräuschen in Panik.

Nach einem Jahr bekam Paura immer noch Selegilin, was sie sehr gut vertrug. Sie war ein meist fröhlicher Hund und ihr Verhalten unauffällig, dabei gut führbar und meist entspannt. Das regelmäßige Schauen und „Sichern“ zum Himmel behielt sie bei, auch wenn sie blauer Himmel, Sonne und Kondensstreifen, mit Ausnahme einer gelegentlich dann stärker gesenkten Rute, nicht mehr aus der Ruhe brachten. Ihre Geräuschangst und eine gewisse Unsicherheit in ungewohnter Umgebung hatte sie noch nicht überwunden.

Nachdem sie diese Entwicklung zeigte und stabil wirkte, wagten die Halter den Schritt, das Medikament Selegilin abzusetzen. Und es funktionierte. Sie zeigte keine Verschlechterung ihres Verhaltens. Teils wirkte sie nun sogar etwas aufgeweckter und interessierter. Allerdings blieben die starke Angst und panischen Reaktionen bei ungewohnten Geräuschen wie etwa Schüssen, Böllern oder auch gefällten und fallenden Bäumen. Passierte so etwas, versuchte sie panisch zu fliehen. Eine Beruhigung, sodass sie wieder ansprechbar war, trat aber – sofern sich die Geräusche nicht wiederholten – meist nach zwei bis drei Minuten ein. Nachdem aufgrund der Hitze zahlreiche Bäume im Wald hinter dem Haus im Herbst 2019 über Tage gefällt werden mussten, zeigte sie wieder Anzeichen einer grundsätzlicheren Furcht beim Nach-draußen- oder In-den-Wald-Gehen. Diese legte sich aber wieder einige Tage nach Beendigung der Waldarbeiten.

Nach zwei Jahren ist sie, abgesehen von der beschriebenen Geräuschempfindlichkeit, gut führbar und ein zwar eher zurückhaltender, aber gelassener Hund. Pauras abnormes Verhalten hat in den zwei Jahren ihre Tochter Senza, die im Hinblick auf Geräusche eine deutlich geringere Sensibilität aufweist, nicht negativ beeinflusst. Leider ist aber auch nicht zu erkennen, dass Senzas Gelassenheit einen positiven, beruhigenden Einfluss auf Paura hat.

Nie hätten die Besitzer von Paura gedacht, dass ein Hund eine „Angst vor blauem Himmel" entwickeln kann. Aber es gibt sie ganz offensichtlich. Wenn man vermuten wollte, wie diese Angst entstand, dann ergibt sich vielleicht eine Erklärung: Im ganzen Haus gibt es sehr große, bodentiefe Fenster. Aus diesen schaut man in den Garten und zum Himmel. Hin und wieder fliegt auch mit großem Knall ein Vogel dagegen. Vielleicht hat ein solcher Knall – verbunden mit dem Blick aus dem Fenster in einen strahlend blauen Himmel mit Kondensstreifen – bei der sehr ängstlichen Hündin Paura ein Trauma ausgelöst und zu der Verhaltensstörung geführt. Man kann es nur vermuten.

Niklas – starke Persönlichkeit, aber keine Angst

Niklas wurde zusammen mit seinen Geschwistern bei einem Kastrationseinsatz in Rumänien von einer Tierärztin gefunden. Sie nahm den Wurf mit und päppelte ihn auf. Die Welpen lebten in der Wohnung, hatten Kontakt zu Menschen und anderen Tieren und somit eine vorbildliche Möglichkeit der Sozialisation. Nach und nach konnten die Kleinen vermittelt werden. Niklas kam mit vier Monaten zu einer Familie mit Kindern. Als er sieben Monate alt war, ein Alter, in dem die Hunde pubertär und oft unsicherer werden, fing er an, fremde Menschen anzuknurren, und die Familie bekam Angst vor dem Hund. So kam Niklas in Pflege zu einem Kollegen der Tierärztin, der für seine Gutachtertätigkeit bei der Beurteilung von schwierigen Hunden bekannt war.

Niklas zeigte sich abweisend und misstrauisch. Es brauchte einige Tage, bis er sich anfassen ließ; er mied alles, was für ihn neu und fremd war. Andere Hunde und fremde Menschen verbellte er. Die Pflegestelle diagnostizierte eine starke Angststörung und Panikattacken und verabreichte ihm im Alter von nur sieben Monaten Psychopharmaka.

Als Niklas 13 Monate alt war und immer noch ähnliches Verhalten zeigte, nun aber ernsthafter dabei wurde, konnte er auch dort nicht mehr bleiben. Eine Vermittlung war unter diesen Umständen nicht möglich und er kam ins Tierheim.

Dort angekommen, wurde er direkt in eine Hundegruppe gesetzt. Er zeigte zunächst defensive Aggression mit Abwehrschnappen. Anfassen lassen wollte er sich nicht. Schon am ersten Tag wurde er an die Leine genommen und eine körpernahe Leinenführigkeit etabliert. In den folgenden Tagen wurde das Medikament ausgeschlichen und es wurden intensiv mit der neu gelernten Orientierung am Menschen Kontakte geübt. Niklas musste bei Begegnungen hinter den Menschen. Schon bald nahm er diese Lösung für sich dankbar an. Ob ein entgegenkommender Hund, Mensch oder für ihn fremde Fahrzeuge oder Gegenstände, er reihte sich nach hinten ein und verhielt sich friedlich. Er war sichtlich erleichtert, nicht mehr in diesen Konflikt zu geraten, handeln zu müssen.

Schnell hatte er einige Lieblingsmenschen, zu denen er überschwänglich freundlich und verschmust war. Alle anderen im Tierheim durften ihn nicht anfassen, er knurrte, schnappte ab und sprang weg. Mit Hunden wurde er immer sicherer und verspielter. Er zeigte immer mal wieder Meideverhalten, bei Fremden im Freilauf defensive Aggression und Territorialverhalten. Es konnten aber nie Angststörungen und Panikattacken beobachtet werden, selbst als das Medikament schon längst ausgeschlichen war.

Niklas ist ein ernsthafter, misstrauischer Hund. Genau so, wie er in seinem Herkunftsland eigentlich sein sollte, um ein Grundstück zuverlässig zu bewachen. Man wäre dort stolz auf Niklas. Für ihn gibt es keinen Ponyhof. Er konnte aber bald vermittelt werden, macht heute lange Wanderungen, meist ohne Leine, er kennt unglaublich viele Tricks und benimmt sich mit seinen Menschen wie ein absoluter Traumhund. Die neuen Halter wissen aber, dass kein Fremder ihn anfassen sollte, dass man ihn in vielen Situationen einfach an die Leine und nach hinten nimmt und ihm klar sagt, was er zu tun und zu lassen hat. Menschen und Hund sind glücklich.

TEIL VI – Praxis und Therapie

KAPITEL 9

Arbeit mit Angsthunden

Die Arbeit mit Angsthunden muss angemessen sein. Keinesfalls darf man mit einer einzigen Methodik mit allen Hunden arbeiten. Ihre Problematiken sind viel zu individuell, jeder Ansatz muss auf den Hund passend zugeschnitten werden. Aus diesem Grund sollte man bei der Auswahl der „Werkzeuge“ auf nichts verzichten. Egal wie unsinnig manche Ideen erscheinen, irgendwann kommt der eine Hund, auf den es passt. Je praller gefüllt der „Werkzeug“-Koffer der Menschen ist, die mit Angsthunden arbeiten, desto erfolgreicher wird den Hunden geholfen werden. Was geht und was nicht, was dem Hund zumutbar ist und was nicht, darüber wird leider viel zu häufig gestritten.

Wendet der Hund sich an uns, wenn er ein Problem hat oder Angst bekommt, können wir ihm die Sicherheit vermitteln, die er braucht, letztendlich gibt der Erfolg Recht, wenn es ein Hund durch menschliche Hilfe schafft, aus seiner Angst zu kommen und fortan ein glückliches Leben führen darf.

Fairness

Täglich suchen verzweifelte Hundehalter von Angsthunden Trainer und Tierheime auf. Schon bei der Begrüßung sieht und spürt man den Stress, dem diese Menschen ausgesetzt sind. Verkrampfte Gesichtszüge, angstvolle Blicke und starke Zurückhaltung begegnen uns. Mit einem Angsthund zu leben und jeden Tag die Angst zu sehen und zu spüren, geht an niemandem spurlos vorbei. Es ist schrecklich, den Hund täglich so zu sehen. Menschen wollten einen Hund „retten" – vor dem Tod oder zumindest vor einem Leben im Tierheim. Sie wollten diesem Hund ein gutes Leben ermöglichen und ihn glücklich sehen, und dann haben sie das Häufchen Elend vor sich.

Menschen wünschen sich oft nichts sehnlicher, als dass der Hund zu ihnen kommt, er soll sich freuen, glücklich sein, spielen. Vielleicht erwarten sie auch Dankbarkeit. Oft stellen sie ihr gesamtes Leben auf den Angsthund ein. Leider sind die Hunde nicht in der Lage, genau das zu zeigen, was der Mensch sich so sehr wünscht. Sie sind gefangen in ihrer Angst, erstarrt und unfähig, sich daraus zu lösen.

Jedes Locken, jede Ansprache der Menschen, jeder mitleidige Blick, das ständige Beobachtetwerden, die ständige Flucht, um dem, was ihnen Angst macht, zu entkommen – all das stürzt die Hunde oft noch tiefer in das Chaos, in dem sie sich befinden. Oft entwickelt sich so ein Kreislauf, der zu noch mehr Hilflosigkeit auf beiden Seiten führt.

Viele Hundehalter von Angsthunden leiden mit ihrem Hund. Sie stellen ihr Leben um, passen es an den Hund und seine Bedürfnisse an, um jeden Stress und jeden Konflikt zu vermeiden. Ob Ausflüge, Urlaub, Restaurantbesuche oder Familientreffen, alles wird mit dem Gemütszustand des Hundes verknüpft. Es gibt Menschen, die für ihren Hund umziehen, sie stehen mitten in der Nacht auf, weil sie Begegnungen vermeiden möchten und deswegen nur nachts Gassi gehen. Und doch ist nicht das ganze Lebensumfeld zu 100 Prozent kontrollierbar. Es kommt täglich zu Situationen, in denen der Hund zittert, sich verweigert, zögert, vermeidet.

Alleinlassen ist keine Lösung!

Eine Tierärztin schrieb auf ihrer Homepage über die Therapie eines solchen Hundes als Erfolgsstory, wie sie es nannte. Sie beschrieb eine Hündin aus dem Tierschutz, die aus einem Animal-Hoarding-Fall stammte. Der Hund wurde allein in eine Familie mit Kindern vermittelt und verkroch sich in dieser ihm völlig fremden Situation, mied die Menschen und konnte auch nur nachts Futter und Wasser zu sich nehmen. Die Tierärztin verordnete Medikamente und empfahl, den Hund in einen abgedunkelten Raum zu setzen. Man setzte voraus, dass sich das Tier so beruhigen würde. Über Wochen wurde der Raum langsam heller und Menschen bewegten sich darin ganz langsam und vorsichtig. Als grandiosen Erfolg wurde dann bezeichnet, dass sich das Tier nach sechs Monaten bei geöffneten Vorhängen und anwesenden Personen bewegte und vorsichtig Futter aus den Händen nahm. Es ließ sich noch immer weder anfassen noch konnte es den Raum verlassen.

Hunde, die über einen längeren Zeitraum allein in einer solchen Situation leben müssen und keinen Ausweg finden, werden langfristig krank, es kann im schlimmsten Fall sogar zum Tod des Tieres führen. Allein gelassen in der Angst vor dem Unbekannten ist ein schrecklicher Zustand, und ein Hund, der wie in dieser Geschichte noch nicht einmal fliehen kann und im Dunkeln lebt, ist in einem permanenten Zustand höchster Anspannung. 24 Stunden am Tag allein in einem dunklen Raum, fremde Geräusche und die „Angst", es könne sich die Tür öffnen, in völliger Hilflosigkeit. Ein Hund, der fliehen kann, oder ein Hund, der angreifen und bedrohliche Menschen in die Flucht schlagen kann, erlebt zumindest Selbstwirksamkeit. Diese Hündin war in ihrer Angst gefangen. Und sie wurde damit allein gelassen.

Ein soziales Lebewesen wie ein Hund, der über einen längeren Zeitraum völlig isoliert ohne echte soziale Kontakte lebt, wird psychisch krank. Solchen Hunden muss geholfen werden. Es ist Folter, ein Lebewesen in einer solchen Situation allein zu lassen.

Dieser Hund hätte einen Hund an seiner Seite gebraucht, aber vor allem hätte er Menschen verdient, die keine Angst haben zu handeln, um ihm die Welt zu zeigen. Man hätte diesen Hund tatsächlich auch bei Gegenwehr halten sollen, damit er spürt, wie es sich anfühlt, nicht mehr allein zu sein. Er hätte Leine, Geschirr und Halsband gebraucht und Übungen, sich darin zu bewegen. Und dann hätte er diese Erfahrungen machen dürfen, das Haus zu verlassen, vielleicht sich im Gras zu bewegen, Luft, Licht und Sonne zu spüren oder wieder Hunden zu begegnen.

Man muss Appetenzverhalten wecken, den Wunsch, Neues zu erleben und kennenzulernen. Dazu bedarf es aber mutiger Menschen, die sich das zutrauen. Sie müssen stark sein für ihren Hund. Wer sonst als der Mensch kann dem Hund zeigen, wie man sich in unserer Welt verhält.

Etwas anderes wäre ein Hund, der „nur" Menschen meidet und vor ihnen wegläuft, in einer Hundegruppe aber sicher lebt. Ehemalige Straßenhunde tun oft genau das, sie leben in losem Kontakt mit den Menschen, holen sich Futter, lassen sich aber nicht anfassen. Ein solcher Hund hat soziale Kontakte mit Hunden, erlebt Menschen, wie sie eben sind, und er erfährt Selbstwirksamkeit durch sein Verhalten, er meidet. Von dort „gerettete" Hunde zeigen das Verhalten auch bei uns. Ein Hund, der aus lauter Rücksichtnahme eingesperrt in einer Wohnung nur in einer Ecke liegt, weil man wartet, dass er von selbst kommt, und der sich kaum bewegen kann, lebt wirklich in Angst.

Ohne Kontakt zu Menschen geht es nicht!

Hunde mit Meideverhalten, was keine Angst als Ursache hat, brauchen Hilfe. Einfach, weil es bei uns nicht möglich ist, in losem Kontakt mit Menschen zu leben, denn diesen Lebensraum gibt es hier für Hunde nicht. In unserer Gesellschaft lebt ein Hund mit dem Menschen zusammen, lässt sich anfassen und läuft an der Leine. Nur Hunde, die das können, haben eine Chance auf ein Leben außerhalb eines Tierheimzwingers oder geschlossener Räume. Man muss ihnen zeigen, dass das Meiden hier nicht mehr notwendig und auch nicht mehr erwünscht ist. Denn ein Hund, der meidet, setzt sich Gefahren aus; er könnte auf die Straße laufen und er würde sich draußen nicht zurückrufen und anleinen lassen. Und auch das – Freilauf und Rückruf – kann mit dem richtigen Training möglich sein.

Für erfahrene Hundetrainer ist es immer wieder berührend, die Entwicklung solcher Mensch-Hund-Teams erleben zu dürfen. Denn mit etwas Anleitung kommen sie meist erstaunlich schnell aus der Zwickmühle des Meidens und Vermeidens heraus. Der Kreislauf der Angst wird unterbrochen und das gegenseitige Vertrauen zwischen Mensch und Hund kann wachsen.

Stärkt man den Menschen, kann er seinem Hund helfen. Bekommt der Hund Hilfe, entsteht Vertrauen. Vertrauen stärkt die Liebe und es kann sich das entwickeln, was sich der Mensch bei der Rettung des Hundes so sehr gewünscht hat.

Faktor Zeit, denn jeder Tag zählt!

Die Lebenserwartung von Hunden liegt je nach Rasse bei 7 bis 17 Jahren. Hunde leben also wesentlich kürzer als wir Menschen. Ein Hund, der in Angst lebt, hat keine Lebensqualität. Wenn es also darum geht, einem Hund aus seiner Angst herauszuhelfen und den Weg in ein entspanntes, glückliches Leben zu ebnen, zählt jeder Tag! Die Therapie sollte immer schnellstmöglich erfolgen, angepasst an die Diagnose, und so schnell, wie der Hund mitgehen kann. Langwierige Therapieformen der Psychotherapie sind bei Angst nicht angebracht. Denn ein Leben in Angst ist qualvoll und macht auf Dauer krank. Oft sind die ersten Schritte aus der Angst nicht ganz einfach. Wenn man aber damit erreichen kann, dass ein Hund viele schöne Jahre vor sich hat, muss dieser Weg gegangen werden.

Wer Hunde in ihrer Angst gefangen hält und ihnen nicht hilft, auch wenn es aus Rücksicht und Wohlwollen oder aus Unwissenheit geschieht, verstößt gegen den Tierschutzgedanken. Mit dem Tierschutz nicht konform geht auch ein „Schritt-für-Schritt-Training", das Jahre dauert. Diese Form des Trainings bedeutet jahrelangen Stress und jahrelange Angst – und den Hunden läuft die Zeit davon.

Ein Training über gestufte Reizkonfrontation und Habituation (die Gewöhnung an Reize), mithilfe von sozialer Unterstützung, geht in der Regel wesentlich schneller als andere Trainingsformen. Die vielfältigen Angstauslöser können direkt und teilweise gleichzeitig bearbeitet werden und die Angst wird schneller überwunden. Nimmt man einen Hund mit Furcht vor fremden Menschen und Geräuschen des täglichen Lebens, wie Tellerklappern oder Ähnliches, mit zum Seminar oder zum Kaffeetrinken, dann wird sich der Hund gleichzeitig an diese normalen, alltäglichen Gegebenheiten gewöhnen.

Vorausgesetzt, die Stimmung ist gut, der Mensch strahlt Sicherheit und Optimismus aus, die anderen Menschen bedrängen ihn nicht, und im besten Fall sind noch andere, entspannte Hunde dabei. Meist sind diese Hunde beim zweiten oder dritten Seminar oder Kaffeebesuch schon in der Lage, entspannt und angstfrei dabei zu sein. Immer vorausgesetzt natürlich, es wurde die notwendige Vorarbeit geleistet, der Hund ist so weit und gerät nicht in Panik.

Arbeitet man mit solch einem Hund über andere Trainingsformen, bei denen z. B. jeder fremde Mensch und jedes alltägliche Geräusch gegenkonditioniert (das heißt: mit einem positiven Reiz belegt) werden muss, dann braucht man dafür nicht nur wesentlich länger. Es besteht auch die Gefahr, dass die Hunde diese alltäglichen Dinge überbewerten und die Furcht wächst, anstatt sich aufzulösen.

Faktor Zeit

Zeit ist ein wichtiger Faktor in der Arbeit mit Angst. Jeder Tag, an dem die Hunde in Angst leben, ist ein verlorener Tag für sie. Und jeder Tag, an dem sie in Angst leben, fixiert dieses Verhalten und macht es später schwieriger, ein neues Verhalten zu erlernen und die Angst komplett zu überwinden. Selbstverständlich geben die Hunde immer das Tempo vor; man muss ihnen die Zeit lassen, die sie brauchen, und darf gleichzeitig keine Zeit verschenken.

Mentale Einstellung und Stimmungsübertragung

Die Arbeit mit einem Angsthund stellt hohe mentale Anforderungen an Hundetrainer und -halter. Der Mensch, der sich mit dem Thema Angst bei einem Hund auseinandersetzt und helfen möchte, muss zunächst einmal auf sich selbst und die eigenen Stimmungen achten

und diese auch kontrollieren. Denn Gefühle und Stimmungen sind reziprok, d. h., sie bedingen sich gegenseitig.
Daher ist es wichtig, zunächst einmal in sich hineinzuhören. Bin ich überhaupt in der Lage, die nötige Ruhe und positive Grundstimmung einzubringen, die der Hund braucht, damit er sich auf mich einlassen kann.

Souveränität, Durchsetzungsvermögen, Ruhe und Gelassenheit sind die Eigenschaften, die gerade bei unsicheren, ängstlichen Tieren Vertrauen geben können. Jede Unsicherheit, jedes Schwanken, Probieren oder Überlegen wird der Hund sofort erkennen, möglicherweise als Schwäche des Menschen einstufen und daraufhin mehr Abstand nehmen. Bevor man mit der Arbeit beginnt, sollte man daher sich selbst in eine gute Grundstimmung versetzen, und man sollte einen Plan entwickeln, an dem man festhält. Dies können kleine Teilziele sein. Ganz wichtig dabei ist, die nötige Zeit mitzubringen; „mal eben schnell" ist bei solchen Hunden unmöglich. Unter Zeitdruck kann man nicht gelassen bleiben, geduldig und beharrlich sein. Das Tempo gibt der Hund letztendlich vor. Also beginne ich jedwede Arbeit mit dem Hund nur dann, wenn ich die Zeit habe, egal, wie lange es dauert, die uns gestellte Aufgabe auch zum Erfolg zu bringen.

Die Einstellung zu sich selbst

Um zu verstehen, welches Verhalten dem Tier weiterhelfen würde, hilft es, sich zunächst selbst folgende Fragen zu stellen:

Wer sind die Menschen, denen wir vertrauen? Stell dir vor, du sollst nachts durch einen dunklen Wald gehen und hast große Angst. Welchen Menschen brauchst du an deiner Seite, damit du dich sicherer fühlst? Welche Eigenschaften muss der Mensch haben? Was muss der Mensch ausstrahlen? Wie überzeugt dich dieser

Mensch? Wie muss der Mensch reagieren, wenn du unsicher bist, ob du den nächsten Schritt tut kannst? Und was lernst du, während DU mit DEINEM Menschen gehst? Wie fühlst du dich, nachdem du es geschafft hast? Was hilft mir dabei, meinem Gegenüber besser zu vertrauen?

Dies sind viele Fragen, und dazu gibt es sicher verschiedenste Antworten. Aber eines ist sicher: Hast du den Menschen gefunden, dem du vertraust, dann wird der Gang durch den Wald leichter. Diese gemeinsame Erfahrung stärkt das Vertrauen in den Menschen und das eigene Selbstvertrauen wächst, im besten Fall ist die Angst vor dem dunklen Wald geringer geworden. Und genau so geht es den Hunden. Jede Situation, die der Hund gemeinsam mit seinem Menschen erfolgreich durchlebt hat, ist ein Schritt in die richtige Richtung. Man muss nur die mentale Stärke zeigen – aber das ist einfach gesagt.

Mentale Stärke ist die Fähigkeit, unabhängig von den äußeren Bedingungen die bestmögliche Leistung zu bringen, mit schwierigen Situationen umzugehen und die richtige Entscheidung zu treffen.

Dazu braucht man eine gehörige Portion Überzeugung von dem, was man tut, jeder Zweifel verringert diese mentale Stärke.

„Angst"-Hunde beobachten Menschen und folgen vor allem denen, von denen sie glauben, dass sie wissen, was sie tun.

Ziel ist, dass der Hund selbst eine gewisse mentale Stärke und Resilienz erreicht und er mit stressigen Situationen zukünftig besser klarkommt. Und genau dazu braucht es den Menschen an seiner Seite, der ihn führt, ihm Vorbild ist und ihm Mut zuspricht.

Erfahrungsbericht von Katja Schumacher

Von einem meiner Hunde habe ich in der Hinsicht viel gelernt. Er war ein Tierheimhund und wurde mir von den Pflegern zur Unterstützung auf Spaziergänge mit Angsthunden oft mitgegeben. Zusammen mit Gymly sind die Hunde immer besser gelaufen und waren bedeutend ruhiger – sie haben sich diesem Hund meistens sofort angeschlossen. Gymly ist ein großer, ruhiger, gelassener Foxhound. Er ist ein Hund, der weiß, was er will, mit einer großen Durchsetzungskraft und körperlichen Präsenz, aber nie aus der Haut fahrend, er strahlt große Stabilität aus. Er ist aber auch ein sehr empathischer und sozialer Hund, einfach der beste Mitarbeiter, den man sich wünschen kann.

Synchronisierung von Verhalten

Wie schon betont, ist neben der mentalen Einstellung die Stimmung ein wichtiger Aspekt. In einem sozialen Verbund sind Stimmungsübertragung und die Synchronisierung von Verhalten ein wichtiger Garant von Harmonie und Empathie. Er dient dem Zusammenhalt der Gruppe und führt dazu, dass Tiere in der Gruppe schützen und geschützt werden. Wittern Gruppenmitglieder z. B. Gefahr, so werden alle Gruppenmitglieder fliehen. Die schnelle Stimmungsübertragung und Handlung retten so allen das Leben, auch den Tieren, die die Gefahr gar nicht wahrgenommen haben.

Nun sieht aber so ein „Angst"-Hund mitleiderregend aus. Es ist nachvollziehbar, dass man Mitleid mit dem Tier und seinen Ängsten hat. Empathie ist durchaus erlaubt. **Man darf oder sollte Empathie empfinden, doch man darf nicht „mitleiden".** Denn dieses Gefühl ist etwas, das sich negativ auswirkt: Leiden überträgt eine gedämpfte, schlechte Stimmung, Hoffnungs- und Ausweglosigkeit, Trauer, die dem Hund nicht hilft, aus seiner Angst herauszukommen. Im Gegenteil: Mitleid kann die Befürchtungen und Ängste des Hundes sogar noch verstärken.

Wohlwollen, Mitgefühl und Empathie gehören aber zweifellos ins „Angst"-Hunde-Training dazu. Auch dessen muss man sich bewusst werden, man muss sich selbst reflektieren und dem Hund mit positiven Gedanken helfen, aus diesem tiefen Tal von Angst und negativen Emotionen herauszukommen.

Beeinflussung eigener Gefühle

Die Fähigkeit, eigene Gefühle und Stimmungen zu beeinflussen, kann man lernen, es gibt mentale Techniken, die dabei helfen.

1. Lerne deine Gefühle und deine Stimmung zu beeinflussen

Gefühle werden durch Gedanken beeinflusst. Negative Gedanken führen zu negativen Gefühlen und positive Gedanken zu positiven Gefühlen. Die Macht der Gedanken ist groß, sie lösen Gefühle aus und beeinflussen die Stimmung. Das spüren die Hunde. „Hunde können Gedanken lesen", wird oft gesagt, möglicherweise spiegeln sie nur Gefühle und Stimmungen.

Die eigenen Gefühle und Stimmungen können positiv beeinflusst werden, indem du z. B. an etwas Schönes, Positives denkst. Das kann etwas sein, das dich in letzter Zeit glücklich gemacht hat. Es kann auch ein bestimmtes „Wort" sein, mit dem du positive Gefühle verbunden hast, denn auch Menschen sind konditionierbar. Mentales Training arbeitet oft mit dieser einfachen Technik.

Du könntest ein schönes Erlebnis nehmen, das du mit einem Hund hattest. Ihr seid gemeinsam über eine Wiese gelaufen, es war warm, sonnig und ihr seid einfach nur glücklich gewesen. Du könntest dieses Gefühl wieder aktivieren, wenn du mit einem Angsthund arbeitest. Dieser Hund hatte vermutlich solche Erlebnisse „noch" nicht.

Du könntest daran denken, dass du diesem Hund hilfst, bald auch glücklich mit einem Menschen (oder dir) locker über eine Wiese zu laufen.

Oder du nutzt eine körperliche Technik, um dich in die richtige Stimmung zu versetzen. Einfach „den Blick heben" ist so eine Technik. Ein deprimierter, in sich gekehrter Mensch schaut oft auf den Boden. Hebe einmal deinen Blick und du wirst merken, dass auch das die Stimmung beeinflussen kann.

Nicht alle Techniken werden für jeden Menschen funktionieren, am besten du probierst es aus und findest heraus, was für dich der richtige Weg ist.

Wir haben auch Tage, an denen es nicht möglich ist, die Gefühle positiv zu beeinflussen und eine gute Stimmung zu erlangen. Auch das muss in Ordnung sein; wir sind Menschen und keine Maschinen. An solchen Tagen solltest du aber bewusst entscheiden, ob die Arbeit mit dem „Angst"-Hund sinnvoll ist. Mitglieder einer sozialen Gruppe sind nicht immer gleich gut oder schlecht gelaunt, auch das ist etwas, das Hunde lernen müssen und sollen. Aber vielleicht ist das dann nicht der Tag, an dem du schwierige, neue Dinge von dir oder deinem Hund verlangst – auch das ist in Ordnung.

2. Lerne die richtige Köpersprache

Positive Menschen strahlen das durch ihre Haltung aus. Ein Mensch, der sich wohl fühlt und positiv denkt, hat eine aufrechte und zugleich entspannte Körperhaltung. Die Bewegungen sind locker, klar und gerichtet.

Wir können nur richtig verstanden werden, wenn wir authentisch wirken und handeln. Oft drücken Menschen mit ihrer Körpersprache etwas ganz anderes aus als das, was sie wollen. Hunde, die mit Angstproblematiken kämpfen, brauchen Verlässlichkeit und eine klare Sprache des Menschen. Unklare oder sich wiedersprechende Handlungen oder Ausdrücke verwirren und verunsichern den Hund. Bist du dir nicht sicher, wie du wirkst, kannst du dich einmal filmen lassen und dir die Aufnahmen anschauen.

3. Sei wohlwollend dem Hund gegenüber

Wohlwollen ist vielleicht ein moralisch hochtrabendes Wort, aber es drückt viel aus. Das Wort „Wohlwollen“ stammt vom lateinischen Wort *benevolentia* ab und beinhaltet die Haltung, mit der wir etwas tun. Eine wohlwollende Haltung beinhaltet Verständnis und Offenheit für das Anliegen anderer – hier das des Hundes.

Wohlwollen heißt, die Belange des Hundes, die Ängste, die Probleme, die er hat, zu verstehen und zu akzeptieren. Es heißt nicht, den Hund immer tun zu lassen, was er möchte, weil man Verständnis hat. Ängste führen zu Handlungen, die kontraproduktiv sind. Es kommt immer wieder vor, Dinge oder Handlungen vom Hund zu fordern, die er freiwillig nicht bereit wäre zu tun. Was heißt, kleine Teilziele für sich selbst zu formulieren und zusammen mit dem Hund anzugehen. Dies mit viel Empathie und Wohlwollen, mit Respekt für die momentanen Gefühle des Hundes, also das Mitgefühl, jedoch nicht das Mitleid. Wichtig ist, mit dem Hund gemeinsam die Probleme anzugehen, ihm bei möglicher Gegenwehr zur Seite zu stehen und ihm zu helfen. Das Ziel soll sein, eine für beide Seiten positive Entwicklung zu erreichen und die Lebensqualität des Hundes zu verbessern.

4. Hab keine Angst vor der Angst

Das ist nicht immer ganz einfach, denn Angst ist ein sehr intensives Gefühl und eine Übertragung auf das Gegenüber geschieht schnell. Der Anblick eines Hundes in seiner Not ist nicht leicht zu ertragen. Oft passiert Folgendes:

Der Halter sieht etwas, immer vorausschauend und schützend, wovor sein Hund sich fürchten könnte. Schon die Erwartung einer Angstreaktion des eigenen Hundes führt beim Menschen zu einer Gegenreaktion. Das kann ein kurzes Zögern, Verlangsamung des Schritts oder auch nur eine Steigerung der Atemfrequenz sein – alles körperliche Anzeichen von Stress, die der Hund wahrnehmen wird und die seine Befürchtungen verstärken oder gar auslösen können. Angst löst Angst und wieder Angst aus – ein schlimmer Kreislauf. Aus dem Kreislauf dieser negativen Stimmungsübertragung kommen Hund und Halter oft allein nicht mehr heraus.

5. Denke daran – die Ängste der Hunde sind fast immer unbegründet

Es hilft, sich das klarzumachen! Mülltonnen, Autos, entgegenkommende Menschen, Schatten, selbst Schüsse im Wald stellen in der Regel keine reale Gefahr für unsere Hunde dar. Wir müssen ihnen nur die Chance geben, das zu lernen und erfahren zu dürfen.

KAPITEL 10

Therapieformen

Alle Therapieformen, die heute bei den Hunden angewandt werden, haben ihren Ursprung in der Humanmedizin. Auch Erkenntnisse und Erfahrungen bei den Menschen werden eins zu eins auf den Hund übertragen. Die sich daraus ergebenden Ansätze stellen wir hier im Folgenden dar.

Systematische Desensibilisierung

Die Desensibilisierung ist eine Therapieform, die manche vielleicht aus der Medizin kennen. Allergien werden erfolgreich damit behandelt. Man beginnt damit, den Körper mit dem schwächsten möglichen Reiz zu konfrontieren. Wichtig dabei ist, dass es nicht zu Reaktionen kommt. Ist dies der Fall, so kann man langsam den Reiz steigern; kommt eine negative Reaktion, im Fall der Allergie vielleicht Juckreiz oder Hautirritationen, so muss man wieder mindestens eine

Stufe zurückgehen. Der Prozess bei der Desensibilisierung ist sehr langwierig und stressempfindlich. Denn wie so oft kommt das Leben dazwischen mit Erkältungen, Veränderungen und vielem mehr, die den Heilungsverlauf stören.

Übertragen auf die Arbeit mit „Angst"-Patienten beginnt man auch da mit dem kleinstmöglichen Reiz in entspanntem, reizfreiem Umfeld, zunächst mit der reinen Vorstellung des Reizes (in-sensu). Nach und nach geht man in kleinen Teilschritten vor, sodass sich der Patient immer im entspannten Umfeld aufhält. Arbeitet man bei dem Hund mit Desensibilisierung und der Hund reagiert mit Meideverhalten bzw. empfindet Stress, so ging es zu schnell und man muss mehrere Stufen zurückgehen in ein spannungsfreies Umfeld. Fatal dabei ist, dass das spontan gezeigte Meideverhalten und das gemeinsame Zurückweichen als negative Belohnung empfunden wird und daher häufiger gezeigt werden wird, was sich lerntheoretisch gut erklären lässt. Entsprechend länger dauert eine wirkliche Konfrontation mit dem angsteinflößenden Reiz und ein wirkliches Leben ohne diese Angst. Der Zeitaspekt allein ist tierschutzrelevant, wenn es Methoden gibt, die dem Hund schneller aus seiner Not heraushelfen.

Die Trainingsmethode dauert sehr lange und ist sehr stressempfindlich; jegliche Störung, die im Alltag oft nicht vermeidbar ist, wirft die Therapie deutlich zurück. Es ist ein langwieriger Prozess mit vielen Störfaktoren und Rückschritten. Dazu kommt, dass es immens wichtig ist, den auslösenden Angstreiz klar zu definieren, da man sonst an der völlig falschen Stelle ansetzt und es zu keiner Verbesserung des Prozesses kommt. Daher hat sich diese Therapieform der systematischen Desensibilisierung auch in der Humanmedizin nicht langfristig durchgesetzt und verliert dort immer mehr ihre Bedeutung (Bandelow, 2008; Abramowitz et al., 2011; Wirtz, 2020).

Gegenkonditionierung

Bei der klassischen Gegenkonditionierung wird versucht, ein Umlernen zu erreichen. Der mit negativen Gefühlen verknüpfte Angstauslöser wird gezielt mit positiven Erfahrungen verknüpft. Dabei kann es zu einer neuen Verknüpfung und dem Aufbrechen der bestehenden negativen Assoziation mit einem angstauslösenden Reiz kommen. Hat der Hund beispielsweise Angst vor einer bestimmten Person, kann beim Auftauchen dieser Person ein besonders leckeres Futter gefüttert werden. In einer neuen Reiz-Reaktions-Verbindung löst die Person bei erfolgreicher Gegenkonditonierung keine negativen Gefühle mehr, sondern positive Gefühle aus. Bei vielen unsicheren Hunden kann diese Methode angewandt werden. Da Hunde in starker Angst aber weder fressen noch entspannen können, ist diese Form der Therapie nur dort erfolgreich, wo die Angstkaskade nur ein geringes Level erreicht hat oder eine nahezu vollständige Kontrolle über den Auslöser möglich ist.

Bei der operanten Gegenkonditionierung ist das Ziel, eine unangebrachte Reaktion wie Meideverhalten oder Zögern durch eine andere Reaktion zu ersetzen, indem jedes gewünschte Verhaltensangebot des Hundes verstärkt wird, während der auslösende Reiz gleich bleibt. Gegenkonditionierung ist für viele Probleme des Alltags mit Hund sicher Mittel der Wahl, bei der Arbeit in der Angst aber zeitintensiv und mit den genannten Hemmnissen oft nur bedingt erfolgversprechend.

Flooding

Flooding ist die Reizkonfrontation in vivo (also im direkten Kontakt) mit dem Maximalreiz und Unterbindung von Flucht oder Meidung.

Diesem Reiz ist der Patient ausgesetzt, bis sich ein angstfreies Gefühl einstellt. Zwingend notwendig bei diesem Therapieansatz ist ein starker Sozialpartner, dem sich der Patient zuwenden kann; er darf niemals allein gelassen werden mit seiner Angst. Trotzdem kann es in seltenen Fällen zu Schockreaktionen oder psychischen Folgeschäden kommen.

Mit Flooding bei Hunden hat sich auch Anita Roscheraus-Suhl in ihrer Dissertation an der Tierärztlichen Fakultät der Ludwig-Maximilians-Universität München befasst. Sie schreibt: *„[...] Die Reizüberflutungstherapie ist unter dem Begriff „Flooding" bekannt (O'Farrell,1991). Dabei wird der Hund dem angstauslösenden Stimulus so lange ausgesetzt, wie dies zu einer deutlichen Angstreduzierung erforderlich ist und infolgedessen die physiologischen Furchtreaktionen ausbleiben (Hart u. Hart, 1991; O'Farrell, 1991; Eckstein, 1996; Askew, 1997). Nur wenn der Hund keine Angstreaktion zeigt, wird er belohnt und der Stimulus entfernt (Ecksein, 1996). Der Nachteil dieser Methode ist der große Zeitaufwand, dass die Angst des Hundes eskalieren und der Hund auch aggressiv reagieren kann (Askew, 1997). O'Farrell (1991) und Eckstein (1996) erwähnen, dass diese Behandlungsmethode vom Patienten als äußerst unangenehm empfunden wird. Zudem kann eine gegenteilige Reaktion ausgelöst werden, sodass sich der Patient letztlich noch ängstlicher verhält als zuvor. [...]"*

Flooding ist zwar die schnellste und eine effektive Form der Angstbewältigung, es bedarf aber sehr erfahrener Therapeuten und muss im Vorfeld gut vorbereitet sein. Bei Menschen sind vorab Gesprächstherapien, Absprachen und Abbruchsignale zwingend notwendig. Da dies bei Hunden nicht möglich ist, muss deshalb sehr genau abgewogen werden, ob Flooding als Form der Angsttherapie das Mittel der Wahl ist.

„Was man lange glaubte – dass die Angst gelöscht werden kann –, ist allerdings nicht der Fall", erklärt der Angstforscher Dr. Andre Pitting in einem Artikel über Angsttherapien der Technische Universität Dresden (Pitting, 2018). Stattdessen wird in der Therapie altes Wissen durch neu Gelerntes überlagert: Die Angst vor einer befürchteten Katastrophe wird überdeckt von der Erfahrung, dass und wie man in der Lage ist, auch schwierige Situationen durchzustehen. Dafür sind jedoch intensivste Angsterlebnisse nötig: Nur in der Situation, die man so sehr fürchtet, kann der Widerspruch zwischen Erwartung und Realität deutlich erlebt werden.

Habituation

Habituation geschieht so ganz nebenbei, während man etwas ganz anderes vorhat. Unter Habituation versteht man die einfache Gewöhnung an einen Reiz, der sich als bedeutungslos erwiesen hat. Es erfolgt keine Reaktion mehr auf den Reiz. Es ist das Leben, das so passiert, und damit auch verschiedene Umweltreize, die wir bewusst oder unbewusst wahrnehmen und die durch häufige Wiederholung ihren Reiz verlieren.

Habituation findet bei jedem Hund im Welpen- und Junghundealter statt. Die Hunde gewöhnen sich an ihre Umwelt. Bei Hunden, die reizarm aufwachsen oder als ältere Hunde in eine neue Lebenssituation kommen, gibt es Reize, die sie nicht kennen und an die sie sich noch nicht gewöhnt haben, dementsprechend reagieren sie darauf mit Neugier, Misstrauen oder sogar Angst.

Wohnt man z. B. in der Nähe von Bahnschienen, erscheinen einem die Fahrgeräusche anfangs sehr laut und störend. Lebt man aber länger dort, hört man diese Geräusche oftmals kaum noch.

Man hat sich daran gewöhnt. Dies machen sich manche zunutze. Es gibt für Hunde sogenannte Geräusche-CDs, mit denen man Geräusche, die den Hund beunruhigen, leise im Hintergrund abspielen lässt. Im besten Fall erlebt der Hund währenddessen andere, angenehme Dinge wie kuscheln oder fressen. Man steigert die Lautstärke, bis der Hund nicht mehr auf die Geräusche reagiert. Da solches Verhalten allerdings generalisiert werden muss, ist diese Form der Therapie oft nicht sehr erfolgreich. Außerhalb der Wohnung wird dieser Geräuschpegel mit dem Luftzug und mit Lichtreflexen noch einmal anders wahrgenommen als drinnen auf dem Sofa. So ist es mit vielen anderen Geräuschen auch.

Habituation kann aber vieles sein, woran sich der Hund gewöhnen muss, wenn er bei uns lebt. Oft geschieht das auch für die Menschen unbewusst. Dinge, die uns sehr wichtig sind, auch beim Umgang mit „Angst"-Hunden, werden oftmals einfach gemacht, weil es notwendig ist. Die wenigsten Menschen gewöhnen ihren Hund an ein Halsband, Geschirr oder das Fernsehen. Ein Maulkorb dagegen wird meist langsam auftrainiert.

Wichtig dabei zu wissen ist, dass dieser Gewöhnungsprozess nicht lebenslang anhält. Es bedarf ständiger Wiederholung. Setzt eine längere Pause ein oder ein Umzug, z. B. in eine geringere Reizlage, kann der Hund wieder auf den zuvor gewohnten Reiz reagieren.

Habituationstraining

Beim Habituationstraining wird das nachgeholt, was der Hund in seiner Entwicklung verpasst hat oder falsch gelernt hat. Einfache Reize, die an sich keine Bedeutung haben, der Hund aber als bedrohlich wahrnimmt, werden durch Gewöhnung, unterstützt und angeleitet von einem Sozialpartner, zu neutralen Reizen, auf die keine (Angst-)Reaktion mehr erfolgt.

Diese Form der Gewöhnung an einen Angstauslöser hat sich als zeitnahe Hilfestellung für Hunde in der Angst-Problematik bewährt. Im Training wird der Patient, in unserem Fall der Hund, dem für ihn angstauslösenden Reiz in vivo konfrontiert, allerdings in einer für ihn erträglichen Distanz. Nach dem Prinzip der gestuften Reizkonfrontation wird die Intensität der Reize nach und nach gesteigert, immer angepasst an den Hund. Hier gibt es keinen Zeitplan, das Tempo der Steigerung der Intensität gibt immer der Hund vor. Die soziale Unterstützung durch den Menschen für einen erfolgreichen Verlauf ist hier dringend notwendig.

Hilfreich ist, zuvor Rituale aufzubauen, die dem Hund Orientierung und Sicherheit durch den Menschen geben und auf die das Tier bei der Konfrontation zurückgreifen kann.

Beim Habituationstraining wird die Höhe des Reizes je nach Stresslevel des Hundes festgelegt und der Reaktion des Hundes angepasst. Diese für den Hund stressige Situation wird so oft wiederholt, bis der Reiz an Bedeutung verliert und der Hund entspannen kann. Dabei ist wichtig, dass der Hund keine Möglichkeit bekommt, durch Flucht oder Angriff die Situation zu unterbrechen oder zu meiden. Entsprechend muss die Intensität des Reizes so gewählt sein, dass sie der Hund mit Hilfe des Menschen gut ertragen kann.

Eine gewisse Erregung ist wichtig, um eine Angstreduktion zu erzielen. Erst die Konfrontation mit Auftreten einer (Angst-)Reaktion ermöglicht das Lernen und die Habituation an den auslösenden Reiz (Margraf und Schneider, 2018).

Aus der Erfahrung heraus wissen wir, dass die Hunde mit Umweltängsten sich auch den Menschen anschließen können, die ihr eigentliches Problem darstellen. Gerade die im Tierschutz so häufigen „Angst"-Hunde, Hunde, die aufgrund der Sozialisierung oder ihrer Ontogenese Menschen meiden oder als Bedrohung sehen, werden als ersten Schritt mit der Nähe der Menschen konfrontiert. Reagieren die Hunde zunächst mit Aggression bis hin zu Abwehrbeißen, benötigt es einen Maulkorb. Keinesfalls darf der Hund in dieser Situation Gegenwehr erfahren. Wichtig ist wohlwollende Ruhe, damit der Hund diese Stimmung aufnehmen kann und Sicherheit gewinnt.

Im Anschluss wird der Hund mit dem Menschen den kritischen Umweltreizen ausgesetzt. Er lernt dadurch, dass der Stress oder der Reiz aushaltbar ist, wenn der Mensch dabei ist. Der Hund wird vielleicht sogar in den Arm genommen und gestreichelt, hier ist jede Art der Unterstützung erlaubt, die dem Hund hilft. Im Verlauf gewöhnt er sich an den Reiz und wird gelassener werden.

Appetenz wecken

Es gibt sehr selbstständige Hunde, die keinen Grund sehen, mit dem Menschen zu kooperieren. Solche Hunde leben oft in lockerer Anbindung an Menschen, sie nehmen Futter und einen guten Schlafplatz gerne an, lassen sich aber meist nicht anfassen, anleinen oder sonst wie manipulieren. Oft leben solche Hunde auf Pflegestellen oder bei ihrem Halter ohne Probleme, sofern der Mensch nicht mehr von ihnen möchte und nur als Futterspender dient. Probleme gibt es spätestens dann, wenn der Hund zum Tierarzt muss.

Um die Hunde zu überzeugen, mit Menschen zu kooperieren, kann man die Rahmenbedingungen so wählen, dass der Hund einen Vorteil aus der Zusammenarbeit mit dem Menschen zieht.

Eine Möglichkeit wäre, dass nach und nach über die geforderte Kooperation mehr Freiheiten zugelassen werden. Der Hund darf also erst nach dem Anleinen nach draußen, und das auch zuerst nur an der Leine mit dem Menschen. Kooperiert der Hund und lässt sich immer wieder heranholen, akzeptiert die Nähe und Einschränkung durch den Menschen, wird das belohnt, indem man dem Hund nach und nach mehr Freiheiten/Freilauf im Haus und Garten gewährt. Macht man es umgekehrt und erlaubt dem Hund ein schönes Leben mit Freilauf im Garten, dann wird der Mensch als einschränkend wahrgenommen, wenn er mit der Leine kommt. Das macht die Arbeit bei solchen Hunden schwierig und den Zeitraum deutlich länger, bis der Hund sich freiwillig anleinen lässt und das Gehen an der Leine und das Kooperieren mit seinem Menschen akzeptiert.

Selbstverständlich kann man auch andere Formen der Belohnung wählen, allerdings kommt man bei sehr freiheitsliebenden und selbstständigen Hunden z. B. mit Futter oft nicht zum gewünschten Erfolg. Die Hunde nehmen Futter oft auch aus der Hand, lassen sich aber trotzdem nicht in ihrer Bewegungsfreiheit einschränken. Wie bei jedem Training muss die Form der Belohnung immer an den Hund angepasst sein.

„Do as I do“

Der Psychologe Albert Bandura beschäftigte sich in seinen Studien mit sozialen Lernformen. In seiner Bobo-Doll-Studie beschrieb er 1963 das Lernen durch Observieren und Nachahmen. Seiner Theorie nach erfolgt das Nachahmungslernen in vier Stadien:

1. Attention – Aufmerksamkeit
2. Retention – Speicherung
3. Reproduction – Wiedergabe
4. Motivation – Motivation

Auch bei zahlreichen Tierarten wurde das Nachahmen beobachtet und in Studien belegt (Gautrais und Michelena, 2007; Vogel und Scott, 1948). Besonders jüngere Tiere imitieren andere Mitglieder der Gruppe, in der Fachsprache nennt man das allelomimetisches Verhalten. Die Tiere lernen auf diese Art Verhaltensweisen, die meist dem sozialen Zusammenhalt der Gruppe nutzen. Hunde imitieren auch ihren Sozialpartner, den Menschen (Huber, 2009).

Diese soziale und natürliche Verhaltensweise der Hunde wird in der Trainingsform „DO AS I DO" genutzt. Hier lernt der Hund mit Aufforderung, seinen Menschen zu imitieren, das heißt, ganz genau das zu tun, was der Mensch tut. Haben die Hunde das Prinzip einmal verstanden, dann können sie mithilfe dieser Trainingsform viele verschiedene Dinge schnell lernen. Wissenschaftlich belegt wurde die Methode von Claudia Fugazza (2015) in Studien an der Universität Budapest. Dass Hunde die Stimmung des Menschen annehmen (Carney at al., 2014) und Verhaltensweisen imitieren, ist eine große Chance für unsichere und ängstliche Hunde. Nimmt der Mensch eine positive Stimmung ein und zeigt ein entspanntes normales Verhalten, dann kann der Hund dieses unter Umständen auch annehmen. Somit ist „DO AS I DO" nicht nur eine selbstvertrauensfördernde und beziehungsstärkende Beschäftigung für den Hund, sondern auch eine hilfreiche Möglichkeit, um bestehende Ängste zu reduzieren. Wichtig ist hierbei, dass man gut beobachtet, ob der jeweilige Hund wirklich diese Trainingsform annehmen kann und davon profitiert.

Gefahren der Nachahmung

Es ist aber auch eine Gefahr, denn oft trainiert der Mensch Problemverhalten erst unbewusst an. Sieht z. B. der Hundehalter auf dem Spaziergang einen Traktor am Wegrand stehen und hat die Vermutung, dass dieser seinem Hund möglicherweise Angst machen könnte, dann verändert er meist unbewusst seine Körperhaltung. Aus dem entspannten Schlenderschritt wird ein etwas zögerlicher Schritt. Die Leine wird etwas kürzer genommen und fester gehalten, denn es könnte ja sein, dass der Hund flüchten will. All diese Veränderungen im Verhalten des Menschen wird der Hund wahrnehmen. Hunde sind Meister im Beobachten ihrer Menschen, sie kennen ihre Menschen sehr genau. Verändert dieser sein Verhalten und wirkt angespannt, dann ist es wahrscheinlich, dass der Hund die Anspannung übernehmen wird. Und er wird genauer hinschauen, er wird zögern, genau wie sein Mensch. Hatte der Hund den Traktor bisher noch nicht gesehen oder vielleicht auch als nicht relevant bewertet, dann spätestens jetzt hat er ihn gesehen und als wichtig bewertet. Wie die weitere Bewertung des parkenden Traktors ausfällt und ob er zu einem weiteren Angstauslöser wird, hängt von vielen Faktoren ab. Ganz besonders aber vom Verhalten des Menschen.

Sind die Menschen, die ängstliche Hunde führen, sich dessen bewusst, was sie ausstrahlen, und hat der Hund gelernt, sich an seinem Menschen zu orientieren, kann allelomimetisches Verhalten die Hunde positiv beeinflussen. Tritt der Mensch entspannt und sicher auf und kann er den Hund durch sein sicheres Auftreten mitziehen, dann werden viele Situationen entschärft. Auch Entspannung, Spiel und Freude kann dann vom Hundehalter initiiert werden.

Weicht der Mensch aus, dann kann sich die Problematik für den Hund verstärken. Oft laufen Hundehalter einen Bogen oder meiden gewissen Objekte oder Situationen, um es ihren Hunden leichter zu machen. Sie realisieren nicht, dass sie damit selbst eine Meidehaltung einnehmen und den Hund damit in seiner Ansicht „Das ist gefährlich" bestärken oder diese damit sogar erst auslösen. Denn ist die Angst erst einmal vorhanden, wird sie durch Vermeidung des angstauslösenden Reizes aufrechterhalten (Schmidt und Schaible, 2005).

Zusammen mit dem Hund wird etwas gemieden, z. B. Mülltonnen, man läuft einen Bogen, weil der Hund vielleicht einmal gezögert hat, als er das unbekannte Objekt wahrgenommen hat. Der Hund wird seinen Menschen imitieren und von ihm lernen, Mülltonnen zu meiden, er wird das Objekt als etwas wahrnehmen, vor dem man sich in Acht nimmt und Abstand hält. Und im schlimmsten Fall wird es zu einem neuen Angstauslöser.

Soziales Referenzieren

Kleinkinder zeigen mit zunehmendem Alter ein wachsendes Interesse an ihrer Umwelt und unternehmen intensive Erkundungstouren, sobald sie in der Lage sind, sich von ihren Eltern zu entfernen. Dabei gehen sie mit einem gewissen Risiko einher, da potenzielle Gefahren wie Verbrennungen durch heiße Gegenstände oder Ertrinken in Gewässern bestehen. In solchen Situationen spielen soziale Lernprozesse eine wichtige Rolle.

Kleinkinder beobachten die Mimik, Körpersprache und den Tonfall ihrer Eltern, um zu entscheiden, welche Objekte und Situationen vermieden werden sollten. Dieser Prozess wird als „soziales Referenzieren" bezeichnet, bei dem die Kleinkinder die Wahrnehmung und Einschätzungen ihrer Eltern nutzen, um die Situation besser zu verstehen und angemessen zu handeln. Ähnlich wie bei Kleinkindern wurde auch bei Hund-Halter-Teams erforscht, ob

Hunde das soziale Referenzieren zeigen. Eine Studie aus Mailand untersuchte, ob Hunde ihre Bezugsperson anschauen und deren Reaktion auf einen verunsichernden Reiz beobachten. Es wurde ergründet, ob allein die Stimmlage und Mimik der Bezugsperson das Verhalten des Hundes beeinflussen können. Die Untersuchung fand in einem Raum statt, in dem als verunsichernder Reiz ein Ventilator mit grünen Flatterbändern stand. Die Halter sollten entweder positiv oder negativ auf den Ventilator reagieren, während das Verhalten der Hunde beobachtet wurde.

Das Ergebnis: Die Hunde zeigten ein verstärktes Erkundungsverhalten dem Ventilator gegenüber, wenn ihre Bezugsperson positive Gesten machte. Bei negativem Verhalten tendierten sie dazu, Distanz zu wahren, unabhängig davon, ob der Halter oder eine fremde Person das negative Verhalten zeigte (Duranton et al., 2016).

Eine weitere Studie untersuchte, ob Hunde das soziale Referenzieren auch zeigen, wenn sich ihnen fremde Personen nähern. Die Halter wurden angewiesen, auf verschiedene Arten auf die Annäherung der Fremdperson zu reagieren. Die Hunde zeigten rückversichernde Blicke ihrer Bezugsperson und passten ihr Verhalten entsprechend an. Wenn die Bezugsperson stillstand oder sich zurückzog, waren die Hunde zögerlicher und unsicherer bei der Annäherung an die fremde Person. Sie suchten verstärkt die Nähe ihres Menschen (Merola et al., 2012). Die Ergebnisse dieser Studien legen nahe, dass Hunde ähnlich wie Kleinkinder das soziale Referenzieren zeigen. Sie achten auf die emotionalen Gesten ihrer Menschen und passen ihr Verhalten entsprechend an. Dieses Verhalten ermöglicht es ihnen, Informationen über potenzielle Gefahren oder unsichere Situationen aus der Reaktion ihrer Bezugsperson abzuleiten. Nähert sich die Bezugsperson aufgeschlossen und ohne Zögern möglichen Angstauslösern, kann dies einen positiven Effekt haben.

Ein sicherer Hund an der Seite

Unsichere Hunde profitieren von sicheren Hunden. Es ist immer besser, unsichere, ängstliche Hunde mit souveränen, selbstsicheren Hunden zusammenzubringen. Auch in Tierheimen in der Gruppenhaltung ist es besser, charakterlich und vom Verhalten unterschiedliche Hunde im gleichen Zwinger zu halten. Lebt ein eher misstrauischer Hund zusammen mit Hunden, die sich über Menschen freuen und auf diese zugehen, erhöht sich die Chance, dass der Misstrauische das Verhalten der anderen, offenen Hunde übernimmt. Manchmal kommen die misstrauischen, unsicheren Hunde in der Gruppe mitgelaufen und imitieren die Freude der anderen. An dem Punkt kann man ansetzen und zusammen mit der Hundegruppe mit dem unsicheren oder misstrauischen Hund arbeiten. Beispielsweise ist es dann sogar oft möglich, diesen Hund gemeinsam mit einem Hund, den er mag, anzufassen und zu streicheln. Meist geht das über den anderen Hund, wenn beide nah zusammenliegen oder angelaufen kommen. Man streichelt also den freundlichen Hund und nähert die Hand dem misstrauischen; manchmal liegen die beiden so nah beieinander, dass der misstrauische Hund zuerst nicht wahrnimmt, dass die Berührung vom Menschen und nicht vom anderen Hund kommt. Nimmt er es wahr, muss er genau beobachtet werden, denn solche Hunde können schnell zubeißen, wenn es ihnen zu eng wird (Absicherung mit Maulkorb). Lässt er es zu, ist oft der erste Schritt getan.

Hat man mehrere Hunde, die Probleme mit Menschen haben, zusammen in einer Hundegruppe, so wird sich das Problem sicher verstärken. Sie laufen gemeinsam weg oder verbellen die Menschen gemeinsam, vielleicht fühlen sie sich in der Gruppe sogar stärker und mutiger. Gerade bei z. B. osteuropäischen Hunden kann es durchaus passieren, dass sie dadurch in kurzen Scheinattacken ankommen und im schlimmsten Fall von hinten in die Wade zwicken.

Verhalten wird meist eher von sicheren Gruppenmitgliedern initiiert und von unsicheren imitiert. Labile Charaktere orientieren sich an souveränen Mitgliedern der Gruppe, schwache Tiere an den starken und unsichere an den sicheren. Ist man sich dessen bewusst und vergesellschaftet einen eher unsicheren ängstlichen oder misstrauischen Hund mit einem sicheren, den Menschen zugewandten Hund, ist es eine Chance bzw. Hilfestellung für das Training und die Arbeit.

KAPITEL 11

Selbstwirksamkeit und erlernte Hilflosigkeit

Die Erfahrung von Selbstwirksamkeit spielt eine große Rolle bei der Bewältigung von Stress und Ängsten. Das sind Erfahrungen, bei denen der Hund merkt, dass er die Situation durch seine Reaktion beeinflussen kann. Sie führen zu mehr Resilienz, psychischer Widerstandskraft und zur Fähigkeit, schwierige Lebenssituationen zu meistern. Nun gibt es die Auffassung, Hunde würden durch Zwänge mit Gewalt in eine erlernte Hilflosigkeit kommen und nur deshalb in einer für sie ausweglosen Situation unter höchstem Stress alles über sich ergehen lassen und folgen. Deshalb dürfe man keinesfalls Druck ausüben. Dabei stellt diese Schlussfolgerung eine falsche und oberflächliche Interpretation der dazu bestehenden wissenschaftlichen Erkenntnisse dar. In Kombination mit der Fehlinterpretierung von der hündischen Körpersprache führt das zu einer nicht zielführenden, fehlgeleitete Rücksichtnahme auf den Hund. Er kann so nicht lernen, mit Stressoren des Alltags angemessen umzugehen.

Kontrollverlust

Extreme Erfahrungen von Kontrollverlust führen zu Hilflosigkeit. Beweisen konnte man diese erlernte Hilflosigkeit, basierend auf einem Experiment an Hunden (Theorie nach Seligman und Maier, 1967). Im ersten Teil des Versuchs wurden Hunde in eine Box getan, in der der Boden nach Ankündigung unter Strom gesetzt wurde. Eine Gruppe Hunde (F1) hatte die Möglichkeit, dem elektrischen Schock durch einen Sprung in die Sicherheit auszuweichen. Eine andere Gruppe (F2) hatte keine Möglichkeit, den Elektroschocks zu entkommen. Diejenigen, die gelernt hatten zu entkommen, wählten beim weiteren Versuchsverlauf die Lösung des Sprungs in die Sicherheit und verhielten sich sonst normal. Die zweite Gruppe entwickelte mit der Zeit ein schreckhaftes und depressives Verhalten, die Hunde kauerten sich zusammen und unternahmen keine Versuche mehr, den Schocks zu entkommen – auch dann nicht, wenn dies möglich war. Später kam in der Studie eine dritte Gruppe (F3) dazu, die im ersten Teil des Versuchs keine Elektroschocks erhielt. Diese Gruppe lernte im zweiten Teil des Versuchs auch zu entkommen, aber deutlich langsamer als die erste Gruppe.

Die Hunde, die keine Möglichkeit hatten, den Elektroschocks zu entgehen – für die es keine Lösung gab, aus der schmerzhaften Situation zu entkommen –, haben resigniert. Das ist durchaus mit einem Hund in einer Angstsituation zu vergleichen, aus der er keinen Ausweg findet – der Hund ist in seiner Angst gefangen.

Es ist wichtig, dass man einen Hund mit einem Ereignis, das er nicht lösen kann, niemals allein lässt, sondern ihm immer Lösungswege aufzeigt und ihn so nie in die Situation kommen lässt, dass er erfahren muss, dass es keinen Ausweg für ihn gibt.

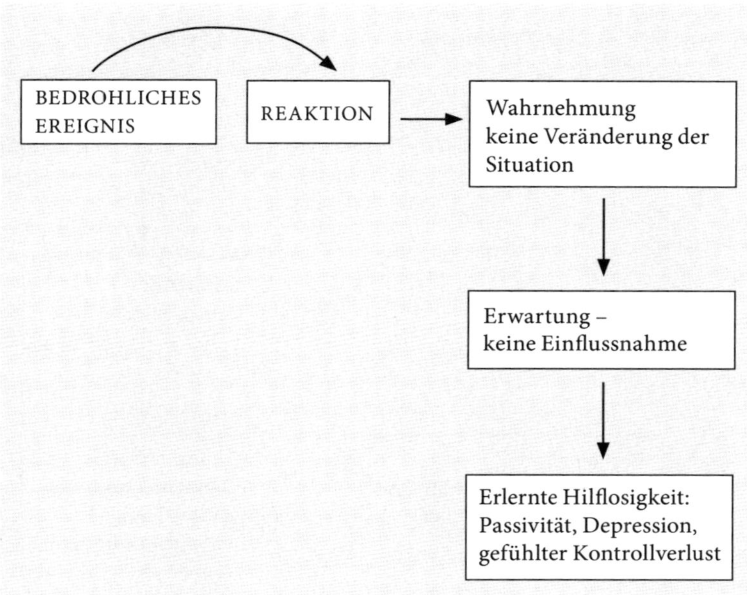

Grafik 1: Auf ein Ereignis, das der Hund als bedrohlich oder schmerzhaft wahrnimmt, erfolgt eine Reaktion des Hundes. Muss er erleben, dass seine Reaktion zu keiner Veränderung der Situation führt, geht er davon aus, dass seine Reaktion und das Ereignis nicht voneinander abhängen und er keinen Einfluss auf das Ereignis hat. Das kann dazu führen, dass der Hund nichts mehr unternimmt, um einem bedrohlichen oder schmerzhaften Ereignis zu entgehen oder entgegenzutreten. Daraus resultierend zeigt der Hund Passivität und Depression.

Hunde, die für sie beängstigende Situationen meiden, erfahren Selbstwirksamkeit, indem sie weglaufen. Sie entgehen damit der Situation, die ihnen unangenehm ist. Aber auch, wenn ein Hund eine Situation erlebt, in der er kurzfristig das Sicherheitsgefühl verliert, wenn er also in eine Krise gerät, wird er, sofern er eine Lösungsmöglichkeit findet, daran wachsen und neue Handlungsmöglichkeiten haben, auf die er in Zukunft zurückgreifen kann. „*Nach einer gesund überstandenen Krise ist die Resilienzkraft gewachsen*“ (Engelstädter, 2022).

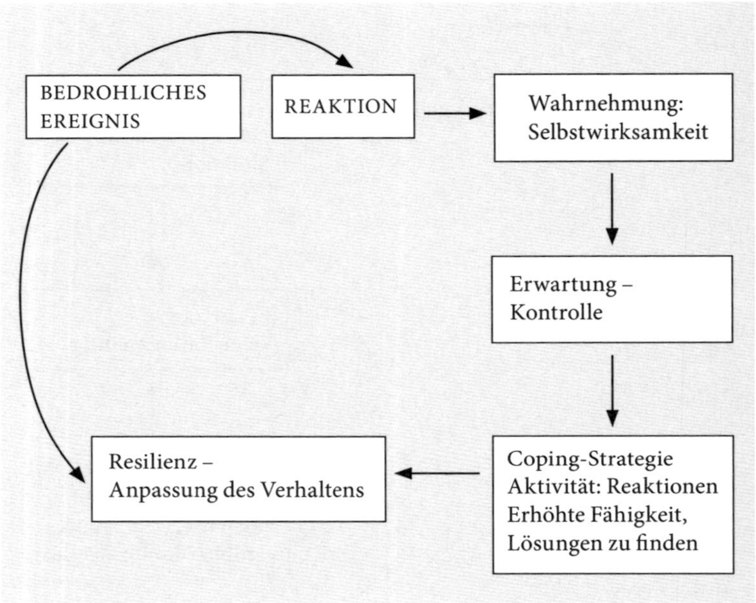

Grafik 2: Macht der Hund die Erfahrung, dass sich die Situation verändern kann und die Bedrohung oder der Schmerz nicht bestehen bleiben, wird er Selbstwirksamkeit erfahren und in Zukunft erwarten, dass er es kontrollieren kann. Entsprechend agieren solche Hunde und entwickeln bessere Fähigkeiten, mit solchen Ereignissen umzugehen.

Selbstwirksamkeitserwartung

In unserer Umwelt kann der Hund nicht alles umgehen, was ihm unangenehm ist. Hat er seinen Menschen als stabilen Sozialpartner kennengelernt, der Krisen für Hund und Mensch bewältigt, auch indem er ihn vielleicht festhält, wenn er flüchten möchte, wird die Lösung für den Hund sein, bei Unsicherheit oder Angst die Nähe des Menschen zu suchen und dort Sicherheit zu finden: *„Komm zu mir, bei mir ist alles gut!"*

Ein Hund, der in der Angst am Ende einer Schleppleine hängt und nur Flucht im Kopf hat, wird lernen, dass er keine Handlungsmöglichkeiten hat, die auf Dauer Entlastung aus der Situation bringen. Er kann nicht weg, gleichzeitig erfährt er keine Unterstützung durch den Menschen, der die Leine festhält und ihn an der Flucht hindert. Er wird allein gelassen in seiner Angst ohne Alternative.

„*Unter Selbstwirksamkeit wird die Überzeugung einer Person verstanden, auch schwierige Situationen und Herausforderungen aus eigener Kraft erfolgreich bewältigen zu können*“ (Bandura, 1997). Die Hunde lernen also, dass sie mit ihrem Verhalten etwas bewirken können.

Das Gegenteil ist die erlernte Hilflosigkeit: „*Erlernte Hilflosigkeit ist die aufgrund negativer Erfahrung entwickelte Überzeugung, die Fähigkeit zur Veränderung der eigenen Lebenssituation verloren zu haben*“ (Seligmann, 1967).

Selbstwirksamkeitserwartung ist die Annahme, gezielt Einfluss auf Dinge nehmen zu können. Untersuchungen zeigen, dass Menschen/Hunde mit hoher Selbstwirksamkeitserwartung große Ausdauer bei der Bewältigung von Aufgaben zeigen und niedrigere Anfälligkeit für Angststörungen und Depressionen haben. Menschen/Hunde mit hoher Selbstwirksamkeitserwartung suchen sich Herausforderungen und bestätigen damit ihre Erwartungen selbst. Menschen/Hunde mit niedriger Selbstwirksamkeitserwartung machen diese Erfahrungen nicht von selbst, sie suchen sich keine Herausforderungen oder geben zu schnell auf. Diese Lebewesen brauchen jemanden, der sie stützt und gezielt mit ihnen Herausforderungen sucht und diese bewältigt. Nur so können sie lernen, dass sie etwas leisten können und ihre Selbstwirksamkeitserwartung stärken. Hier wird deutlich, wie stark der Mensch einen positiven Einfluss auf den Hund nehmen kann.

Für diese Hunde gibt es außerhalb eines Konflikts viele Möglichkeiten, Selbstwirksamkeit erleben zu lassen. Das sind zunächst banale Dinge, wie auf einen Baumstamm springen, vielleicht darauf zu balancieren. Das können Untergründe sein, die der Hund meidet. Gut, wenn der Hund dabei unsicher ist und zögert. Man fordert ihn auf, mutig zu sein, hilft ihm mit etwas Nachdruck vielleicht sogar, und nach all den „Abenteuern und Mutproben" wird ein Freudenfest gefeiert. Sie erleben das erhabene Gefühl: Ich kann das schaffen!

KAPITEL 12

Strafe

In der Arbeit mit Angst müssen wir höchste ethische Werte ansetzen. Als Menschen haben wir eine moralische Verantwortung unserer Umwelt und anderen Lebewesen gegenüber. Ethisches Handeln ist ein bewusstes Verhalten, das die Normen respektiert und wertvolle Ziele anstrebt. Ethik ist die methodisch-kritische Reflexion des menschlichen Handelns, sofern dieses nach Gut und Böse unterschieden und beurteilt wird. Ethische Prinzipien sind z. B. Verantwortung, Integrität, Respekt, Gerechtigkeit.

Verantwortung übernehmen

Indem wir uns den Hund zum Haustier gemacht haben, haben wir die Verantwortung übernommen, uns um das Tier zu kümmern. Hunde, die in unserer Gesellschaft in Angst leben, aus welchen Gründen auch immer, dürfen wir nicht ignorieren. Es gilt Wege zu finden,

den Hunden zu helfen und gleichzeitig ethische Grundsätze zu respektieren. Vertrauen bildet sich normalerweise im jungen Alter im Kontakt mit Bezugspersonen. In dieser Zeit entsteht auch das Grundvertrauen oder Urvertrauen, das die Voraussetzung für ein natürliches Verhalten in der Umwelt darstellt. Leider haben viele Hunde mit Angststörungen diese wichtigen Erfahrungen nicht gemacht. Vieles kann nachgeholt werden, manches leider nicht.

Wir können den Hunden helfen, denn auch ältere Hunde sind noch in der Lage zu lernen, und die Ängste, die sie haben, sind zum großen Teil unbegründet. Die Hunde müssen das nur erfahren dürfen. Sie lernen, wie wir Menschen auch, auf verschiedenste Weise, und diese Chancen des Lernens können wir nutzen.

Hunde lernen, welche Verhaltensweisen erfolgreich sind und welche nicht. Sie bewerten die Situationen und verhalten sich dementsprechend. Zum Beispiel fliehen sie oder entfernen sich, wenn ihnen etwas gruselig erscheint. Wenn sie sich dann in der Entfernung besser fühlen, weil das „Gruselige" weiter weg ist, wird die Flucht als erfolgreich gewertet und sie werden in Zukunft wieder und mit großer Wahrscheinlichkeit auch immer öfter flüchten. Unterbindet man jetzt die Flucht, damit der Hund ein Alternativverhalten lernen kann, wird er das möglicherweise schon als Strafe wahrnehmen.

Der Hund entscheidet, was Strafe und was Belohnung ist, der Mensch muss diese Beweggründe erkennen und entsprechend reagieren. Daher müssen wir beim Wort Strafe deutliche Worte finden, umso mehr, da Strafe in der Arbeit mit Hunden immer häufiger abgelehnt wird.

Es gibt Hunde, für die Streicheln oder Leckerchen keine Belohnung darstellen. Der böse Blick vom Halter kann für den einen Hund durchaus eine Strafe darstellen, ein anderer Hund in einem anderen

Kontext wertet einen strengen Blick ganz anders, möglicherweise sogar als Orientierungshilfe. Die Reaktion des Hundes auf die vermeintliche Belohnung oder Strafe zeigt uns, wie der Hund die Situation beurteilt. Viel wichtiger als die Methodenwahl bleibt daher die Kommunikation miteinander und ein gegenseitiges Achten aufeinander.

Strategische Angst

Hunde sind Strategen, und Verhaltensweisen, die zum Erfolg führen, werden öfter gezeigt. Unterwürfiges, deeskalierendes Verhalten in Form von aktiver Demut wird von Hunden strategisch eingesetzt, und es gibt sogar Hunde, die ein ängstliches Verhalten als Strategie nutzen. Das kann so weit gehen, dass der Hund körpersprachlich Angst zeigt, um damit etwas zu erreichen. Es kann ein Aufmerksamkeit-Erheischen sein, damit der Mensch Mitleid bekommt. Ziel dabei ist meist, etwas nicht tun zu müssen, was der Hund nicht tun möchte. Diese strategische Angst wird dann gezeigt, wenn der Hund öfter die Erfahrung gemacht hat, dass er mit Demutsverhalten, also wenn er den Schwanz einklemmt und dabei wedelt, die Ohren anlegt und eine geduckte Körperhaltung einnimmt, etwas passiert, das er als positiv wertet. Diese Hunde können dabei theatralisch zappeln und/oder fiepsen.

Selbstverständlich ist es immer wichtig, genau zu beobachten und zu hinterfragen, ob man es jetzt wirklich „nur“ mit strategischer Angst zu tun hat, ob und warum der Hund Demutsverhalten zeigt oder ob der Hund Unsicherheit oder echte Angst hat. Um das abgrenzen zu können, muss man den Hund gut kennen und die kleinen körpersprachlichen Zeichen verstehen.

Bei richtiger Angst ist Strafe niemals angebracht, bei strategischer Angst kann man durchaus auch einmal sagen, dass sein Verhalten nicht erwünscht ist. Wie man auch einem Schüler, der eine Krankheit vortäuscht, weil er nicht in die Schule möchte, zu verstehen gibt, dass man es durchschaut hat und so nicht akzeptiert.

Funktion von Strafe und Belohnung

Für den einen Hund kann es sein, dass das Anleinen und die damit einhergehende Bewegungseinschränkung als Strafe wahrgenommen wird, für einen anderen Hund ist es eine Hilfestellung, die gern angenommen wird.

Um die Funktion von Strafen aber auch der Belohnung besser zu verstehen, ist es hilfreich, sich die vier Quadranten der Lerntheorie noch einmal genau anzuschauen. So gibt es zwei Formen der Strafe.

Bei der **positiven Strafe** wird dem Hund etwas Unangenehmes zugefügt. Viele denken dabei an körperliche Strafen, z. B. wie das Schlagen eines Hundes. Diese Form der Strafe ist rigoros abzulehnen. Allerdings kann ein Zuwenden, ein Auf-ihn-Zugehen, ein Festhalten oder eben ein Blick für den einen Hund schon eine Strafe sein. Für andere Hunde wäre dies eine **positive Belohnung**: Wir fügen etwas für ihn Angenehmes hinzu, in dem Fall ein weicher Blick oder Zuwendung. Bei der positiven Strafe zeigt der Hund sein Verhalten dadurch seltener. Bei einer Belohnung zeigt er das Verhalten öfter.

Die zweite Form ist die **negative Strafe**: Ich nehme dem Hund etwas Angenehmes weg. Dies könnte die eigene körperliche Präsenz sein oder ein Streicheln, sein Futter, sein Wasser, sein Körbchen und vieles mehr. Eben Dinge, die DIESER Hund als angenehm wahrnimmt. Auch hier wird die Strafe individuell von den Hunden eingeschätzt. Ein Hund, dem Futter nicht wichtig ist, wird ein Futterentzug ganz anders wahrnehmen als ein Hund, dessen Lebensinhalt Fressen darstellt. Ebenso ist es mit der eigenen Präsenz – verlässt man den Raum, werden manche Hunde jubeln, andere weinen vielleicht hinterher. Der, für den der Weggang eine Erleichterung darstellt, empfindet es also als Belohnung. Man spricht hier von **negativer Belohnung**. Man nimmt dem Hund etwas Unangenehmes weg und der Hund zeigt das Verhalten dadurch öfter. Also Lob oder Strafe? Bei der negativen Strafe zeigt der Hund sein Verhalten seltener.

Zu behaupten, man arbeite ganz ohne Strafe, ist Unfug, was sich genau daraus ergibt. Im Gegenteil, arbeitet man nur mit Belohnung und merkt dabei nicht, dass der Hund Situationen aber anders versteht, kommt es häufig zu gesteigertem Fehl- oder Angstverhalten. Dies kann selbstverständlich auch bei der Arbeit mit Strafe sein, auch hier ist diese Waagschale, Lob oder Strafe, sehr genau auf den Hund abzustimmen.

Nimmt man nicht alle vier Quadranten der Lerntheorie (positive Verstärkung, negative Verstärkung, positive Strafe und negative Strafe) bei der Arbeit und der Unterstützung des Hundes, würde man auf wichtige Mittel verzichten, um sanft Einfluss auf den Hund zu nehmen. Mit den genau abgestimmten und für den Hund abgestuften Einflussmöglichkeiten der positiven oder negativen Strafe bekommt der Hund die Möglichkeit, sein Verhalten zu überdenken und so anzupassen, dass er weitere „Bestrafungen“ umgeht, und sei es, man verlässt den Raum (siehe oben). Auch hier steht der jeweilige Hund im Vordergrund und was ihm spezifisch bei der Verhaltensanpassung hilft.

Beispiel: Hund, der sich wehrt

Einen Hund, der aus Angst oder Misstrauen beißt, weil der Mensch sich ihm nähert, positiv oder negativ zu strafen, wäre kontraproduktiv, denn sein Misstrauen würde dadurch bestätigt. Ein Hund, der beißt, weil er Schlechtes vom Menschen erwartet, kämpft dabei vielleicht um seine eigene Unversehrtheit. In diesem Fall würde man ihn gewähren lassen, denn er hat jedes Recht, sich dagegen zu wehren. Bei einem solchen – mit einem Maulkorb versehenen – Hund würde man nicht weichen, sondern ruhig bei ihm bleiben, bis er sich beruhigt hat. Erst dann würde man ihn verlassen. Damit bestätigt man die Ruhe – also negative Belohnung: Man nimmt dem Hund etwas Unangenehmes weg. Künftig wird er das von uns gewünschte Verhalten öfter und schneller zeigen. Wird er nach und nach ruhiger, nimmt der unangenehme Druck wieder ab, bis der Hund aufgrund der Nähe lernt, diese verbunden mit Belohnung als angenehm zu empfinden.

Beispiel: Hund, der flüchten möchte

Einen Hund, der flüchten möchte, zu strafen, indem man ihn von der Flucht abhält, kann durchaus sinnvoll bis hin zu lebensrettend sein. Für solche Hunde darf Flucht keine Lösung darstellen. Bei der Arbeit mit Hunden im Fluchtmodus ist ganz klar herauszuarbeiten, wovor der Hund flüchten möchte. Der nächste Schritt wäre herauszufinden: Was hilft dem Hund, was hält ihn von seinem Vorhaben ab? Entsprechend aber auch: Was sieht dieser Hund als Lob und was als Strafe? Möchte ich ihm helfen, muss ich herausfinden, durch was er das von mir gewünschte Verhalten zeigt und von seinem favorisierten Verhalten ablässt.

Der Hund sollte dabei möglichst nicht in ein höheres Erregungslevel bzw. Stress geraten, denn dann wäre dieser Lernprozess nicht mehr möglich. Der Mensch muss wieder Ruhe ausstrahlen und für seinen Hund der Fels in der Brandung sein. Die Lösung des Hundes sollte künftig sein, bei Unsicherheit oder Angst nicht mehr mit Flucht zu reagieren, sondern die Nähe des Menschen als hilfreich zu bewerten und aufzusuchen. Praktisch würde man einen Hund an der Flucht hindern (Unterbrechung oder empfundene Strafe), aber danach eine sofortige Einladung aussprechen: „*Komm zu mir, bei mir ist alles gut.*“ Wie welcher Hund dabei eine Belohnung versteht, ist wieder individuell herauszuarbeiten. Es kann die negative Belohnung sein, z. B. hört der Leinenzug auf die Halswirbelsäule auf, es kann auch positive Belohnung sein, wenn der Hund das Streicheln als angenehm empfindet. Dieser Arbeitsansatz hat sich bei Hunderten von Hunden bereits bewährt. Sie entspannen deutlich, wenn sie nicht mehr flüchten können und nehmen die Nähe des Menschen als angenehm und beruhigend wahr.

Im Vergleich würden wir Menschen ein Kind davon abhalten, auf die Straße zu laufen. Bei Wiederholung würden wir gegebenenfalls auch mit Strafe drohen, wenn sie wieder unachtsam losrennen würden. Keiner würde auf die Idee kommen, einen Lolli anzubieten, falls das Kind nicht auf die Straße läuft (positive Belohnung), und auf das lebensrettende Eingreifen, Festhalten (positive Strafe) verzichten. Warum machen wir es also bei Hunden anders? Wir sollten zum Wohl der Hunde auf alle vier Quadranten der Lerntheorie zurückgreifen, angemessen und dem Hund angepasst.

Wie schon beschrieben, sind Hunde oft nur leicht gestresst und verweigern etwas, empfinden aber weder Angst noch Furcht. Man kann natürlich versuchen, dem Hund das Objekt der Vermeidung mit positiver Belohnung schmackhaft zu machen. Geht der Hund jedoch nicht darauf ein, wird er dadurch belohnt, dass der Mensch den Konflikt umgeht, das Objekt ebenfalls meidet und möglicherweise

Umwege geht. Ein Vermeiden aus der Situation heraus, was eher eine Kleinigkeit war, wird zukünftig Thema sein, weil dann der Hund dieses Verhalten nun öfter zeigen wird. Daher wäre es sinnvoll, den Hund an der Flucht oder Vermeidung zu hindern (Strafe), ihn zu sich zu nehmen, gemeinsam das Objekt zu beäugen und ihn dabei beruhigend zu halten (Lob). In der Folge würde man bei Sichtung eines solchen Meideobjekts den Schritt eher beschleunigen und einfach vorbeilaufen, ohne auf den Hund zu reagieren.

Auch wenn der Hund sich zunächst ebenfalls gegen die Leine stemmt und den Menschen bei vermeintlicher Gefahr ebenso meidet, ist es wichtig, ihn zu sich zu holen, festzuhalten und dabei Ruhe auszustrahlen: *„Es gibt nichts, wovor du dich fürchten musst."* Dieser Hund braucht einige Erlebnisse und Wiederholungen, bis er den Menschen als Hilfe empfindet. Doch auch er wird sich in kurzer Zeit bei seinem Menschen anlehnen, denn er erhält Sicherheit und es entwickelt sich Vertrauen, dass der Mensch in allen Situationen handlungsfähig ist. Man kann sich mit allen Sinnen „anlehnen".

Dabei ist ein fairer Umgang selbstverständlich. Das Vertrauen sollte auf beiden Seiten wachsen. Der, der in der Lage ist, einen Vertrauensvorschuss zu geben, wird auch als würdiger wahrgenommen als derjenige, der zögert. Ein Vertrauensvorschuss kann sein, mit dem Hund außerhalb des Konflikts viel „Qualitytime" zu verbringen. Dies kann sein, dass man sich gemeinsam in einem Raum befindet, ruht, schmust, streichelt, ein Buch liest oder Musik hört, dabei aber eine ruhige entspannte Stimmung herstellt. Das Schlafen im gleichen Zimmer oder sogar im gleichen Bett, auch das ist ein Vertrauensvorschuss. Als Schlafender wirkt man kaum mehr bedrohlich, ist aber auch selbst wehrlos und wird von vielen Hunden als sehr angenehm empfunden. Am nächsten Tag ist schon alles nicht mehr ganz so schlimm.

Außerdem dürfen die Hunde erfahren, dass sie mit ihrem Verhalten etwas bewirken können. Der Mensch agiert, er reagiert aber auch. Wird die Flucht unterlassen und der Hund entscheidet sich für den Menschen, dann darf der Mensch entsprechend reagieren und das Verhalten belohnen. Allerdings ist es manchmal nicht so einfach, einen solchen Hund zu belohnen. Was kann also eine Belohnung sein, wenn Streicheln, ein lobendes Wort oder auch Futter keine Belohnung darstellt? Für diese Hunde ist meist die größte Belohnung, sich entspannen zu können und sich sicher zu fühlen. Das zu erreichen, braucht Zeit. Gemeinsame Zeit! Es braucht einen entspannten, wohlwollenden Menschen, der fähig ist, Sicherheit zu bieten und Entspannung mit dem Hund zu spüren.

Ist der Hund erst in der Lage, sich im Körperkontakt mit dem Menschen zu entspannen und die gebotene Sicherheit zu spüren, dann wird er sich in Zukunft öfter und leichter für diese Option entscheiden können.

KAPITEL 13

Selbstsicherung und Hilfsmittel im Training

Absicherung durch einen Maulkorb

Maulkörbe haben leider noch immer einen schlechten Ruf. Das zu Unrecht, denn sie können eine große Hilfe darstellen und Sicherheit für beiden Seiten gewähren. Ein Hundebiss tut weh, kann gefährlich sein und bricht Vertrauen. Der Hund hat den „Beißvorfall" dann in seinem Lebenslauf, es macht die weitere Arbeit schwieriger und die Vermittlungschancen für Tierheimhunde sinken.

Beißen aus Angst

Ein Hund, der Angst hat, wird fast immer fliehen. Wird ihm jedoch der Fluchtweg abgeschnitten, kann es zum Einfrieren kommen oder aber zur Aggression. Ein Hund, der aus Angst beißt, hat das Gefühl, um sein Leben kämpfen zu müssen, der Hund trifft keine bewussten Entscheidungen mehr, er beißt heftig und so lange ziellos um sich, bis die vermeintliche Gefahr gebannt ist. Menschen, die mit solchen Hunden arbeiten, müssen in der Lage sein, ihre eigenen Gefühle und Emotionen extrem gut zu kontrollieren, und sollten sich intensiv mit Hundeverhalten auseinandersetzen. Sie müssen die Körpersprache des Hundes sehr gut lesen können, um die richtigen Entscheidungen zu treffen.

In Panik ist ein Hund weder ansprechbar noch ist er fähig zu lernen. Die Reaktionen werden direkt über die Amygdala und das zentrale Nervensystem gesteuert.

Leider ist es in der Realität des Trainings mit dem Angsthund nicht immer möglich, eine Panikreaktion komplett auszuschließen. Besonders bei Hunden, die misstrauisch sind oder von Menschen etwas Schlechtes erwarten, kann es immer dazu kommen, dass der Hund zubeißt. Irgendwann muss der Hund in die Nähe des Menschen und freiwillig wird er das niemals tun. Entweder man lässt ihn also ein freies Leben führen, was leider in unseren Breiten kaum möglich ist, oder man muss sich nähern, ihm ein Halsband oder Geschirr anziehen. Der Hund muss irgendwann an eine Leine und an die Nähe des Menschen gewöhnt werden. Und egal, wie viel Arbeit man sich im Vorfeld mit dem Hund gemacht hat, es kann immer passieren, dass der Hund beißt. Natürlich kommt es auch hier wieder darauf an, wie man sich nähert und wie man dabei mit dem Hund kommuniziert.

Das Ziel ist immer in ruhiger Kommunikation zu bleiben, um nach Möglichkeit eine panische, kopflose Flucht zu vermeiden. Eine ruhige Interaktion ermöglicht dem Hund zudem, mehr von der Umwelt wahrzunehmen und besser zu lernen.

Aber gerade die misstrauischen Hunde, die drohen und klar kommunizieren, wie viel Kontakt sie bereit sind zuzulassen, müssen mit Maulkorb gesichert werden. Nur so kann man ihnen die angenehme Seite von Nähe vermitteln. Nämlich dann, wenn der Hund angreift und man ihn dabei liebevoll in den Arm nehmen kann und beweisen, dass von uns weder Misstrauen noch Gewalt ausgeht.

Verlässt man ein gesichertes Umfeld, z. B. mit dem Hund das häusliche Umfeld, können unvorhergesehene Dinge passieren. Der Hund erschrickt vor irgendetwas und wird durch die Leine an der Flucht gehindert. Das kann eine Panik und ein „Um-sich-Beißen" des Hundes zur Folge haben. Und doch ist es notwendig, diese Schritte zu machen, damit der Hund umweltsicherer wird. Ein Maulkorb ist auch hier notwendig.

Ein Maulkorb ist eine große Hilfe und ist für das Training dringend zu empfehlen. Wenn es darum geht, einem Hund zu helfen, der in Panik geraten ist, muss man souverän und ruhig bleiben und so reagieren, dass es dem Hund hilft und ihn nicht in seiner Entwicklung zurückwirft. Trägt der Hund in so einer Situation einen Maulkorb, dann kann der Mensch warten, bis sich die Panik gelegt hat. Hat sich der Hund beruhigt, kann er die Erfahrung machen, dass nichts Schlimmes passiert. Ein Hund, der seinen Halter oder den Trainer beißt, weil er in Angst ist und mit der Situation nicht klarkommt, weil er nicht wegkommt oder das Gefühl hat, nicht flüchten zu können, meint es nicht persönlich. Für den Menschen aber bricht oft eine Welt zusammen. Der Hund, um den man sich so bemüht hat, hat zugebissen. Das nicht persönlich zu nehmen, ist für die meisten Menschen sehr schwierig.

Glücklicherweise ist es so, dass die wenigsten Hunde wirklich aus Angst beißen. Oft haben sie gelernt, mit aggressivem Verhalten Erfolg zu haben. Hunde lernen wie Menschen und zeigen Verhalten, das erfolgreich war, öfter. Möchte ein Hund z. B. keinen Menschenkontakt und hat die Erfahrung gemacht, dass Menschen auf Distanz bleiben, wenn er Aggression zeigt, wird er zukünftig öfter mit Aggressionsverhalten reagieren. Ob er misstrauisch ist und etwas Schlechtes erwartet, ob er territorial motiviert ist oder einfach nur keine Menschen in der Nähe kennengelernt hat, macht hier keinen Unterscheid. Solange das Verhalten erfolgreich für den Hund ist, wird es gezeigt.

Die Anforderungen an den Menschen sind in der Arbeit mit Angst und Angstreaktionen hoch. Mit der Sicherung durch den Maulkorb wird es jedem Menschen leichter fallen, ruhig zu bleiben, positiv zu denken und entspannt und sicher zu handeln. Trägt der Hund keinen Maulkorb und der Mensch muss befürchten, gebissen zu werden, ist das deutlich schwieriger.

Folgen von Hundebissen

Beißt der Hund zu, hat das meist weitreichende Konsequenzen. Ein Hundebiss kann schwere Entzündungen hervorrufen und bleibende Schäden verursachen. Und nicht nur für die Menschen, auch für die Hunde hat so ein Beißvorfall Folgen. Für einen Tierheimhund sinken die Vermittlungschancen drastisch, in manchen Tierheimen wird der Hund weggesperrt, hat keine Sozialkontakte mehr und führt fortan ein Leben im Zwinger.

Ein Halter, der gebissen wurde, wird seinem Hund fortan nicht mehr trauen und ihn möglicherweise abgeben. Gibt er ihn nicht ab, wirkt es sich trotzdem auf die Beziehung aus, denn kaum ein Mensch schafft es, sich nach einem Biss dem eigenen Hund gegenüber normal zu verhalten. Misstrauen zerstört die Beziehung. Zudem kann die Einstufung als gefährlicher Hund mit Auflagen wie Leinen- und Maulkorbpflicht verbunden werden.

Hunde, die gelernt haben, sich durch Knurren und Beißen Raum zu schaffen oder in irgendeiner anderen Art gelernt haben, dass sich aggressives Verhalten lohnt, kann man mit Maulkorb beibringen, ihr Verhalten zu ändern. Durch den Maulkorb abgesichert, bricht der Mensch sein Verhalten nicht ab und der Hund lernt, dass er durch Beißen und Knurren nicht zum Erfolg kommt. Hat ein Hund z. B. ein Problem damit, gebürstet zu werden, und versucht durch Beißen den Mensch auf Abstand zu halten, kann dieser einfach weitermachen, wenn der Hund einen Maulkorb trägt, und der Hund wird lernen, dass er mit seinem Aggressionsverhalten den Verlauf der Handlung nicht mehr beeinflusst. Weiter noch, er wird lernen, dass Bürsten gar nicht so schlimm ist, und vielleicht wird er es bald als angenehm empfinden. Ein Hund, der Menschen misstraut, erwartet, dass etwas Schlimmes passiert, wenn ein Mensch sich nähert. Geht der Mensch jedes Mal auf Abstand oder wendet sich ab, wenn der Hund droht, bleibt dieser weiter misstrauisch. Vertrauen kann nur entstehen, wenn der Hund die Erfahrung machen kann, dass nichts Schlimmes passiert, auch wenn der Mensch bleibt und ihn vielleicht sogar anfasst oder festhält.

Die meisten dieser Hunde können nach kürzester Zeit Berührungen und Streicheln aushalten und bald genießen, lernen schnell, an der Leine zu laufen und mit Menschen zu interagieren. Nur so ändert sich ihr Leben zum Guten und sie kommen aus der Isolation.

Bei Hunden mit Angstproblematiken ist der Maulkorb meist schon nach ein paar Wochen nicht mehr notwendig. Man holt die Hunde aus ihrer Angst, lässt sie viele positive Erfahrungen sammeln. Sie lernen den Menschen als Sozialpartner kennen, dem sie vertrauen dürfen und bei dem sie Sicherheit finden, und schon haben sie keinen Grund mehr zu beißen.

Erfahrung in der Arbeit mit Angsthunden

Leider leben in Deutschland viele Hunde, die sich nicht anfassen oder anleinen lassen, oft über Monate und Jahre auf Pflegestellen, in Tierheimen oder bei ihren Haltern. Diese Hunde verbringen ihre ganze Zeit im Haus oder im Zwinger, gehen nicht spazieren, und der Tierarztbesuch wird immer wieder hinausgezögert. Oft leben sie in permanenter Angst. Die Sicherung eines solchen Hundes und die erfolgreiche Resozialisierung erfordern Wissen in Selbstschutz und viel Erfahrung in der Arbeit mit Angsthunden. Einem Hund, der sich nicht anfassen lässt und vor Menschen flüchtet, eine Leine und einen Maulkorb anzuziehen, ist nicht einfach. Das sollte Experten überlassen werden. Auf keinen Fall sollte man es selbst versuchen.

Es gibt verschiedene Modelle an Maulkörben. Wichtig ist, dass der Maulkorb passt, er muss richtig sitzen, der Hund muss hecheln können und der Maulkorb darf nicht reiben. Und es sollte darauf geachtet werden, dass der Hund den Maulkorb nicht abstreifen kann. Auch hier sollte man sich die Hilfe von Experten holen, die Maulkörbe verkaufen und richtig anpassen.

Natürlich gibt es auch Hunde, die nie einen Maulkorb brauchen. Hunde, die nur unsicher sind oder vielleicht durch eine Stresssituation Angstreaktionen zeigen, die sie mit wachsendem Vertrauen ablegen. Und es gibt die Hunde, die sich locken lassen und schon nach ein paar Tagen von selbst aus dem Stresszustand herausfinden. Es gibt auch Hunde in Angst, die Einfrieren und keinerlei aggressives Verhalten zeigen. Man kann immer hoffen und erst einmal probieren, über Futter, körpersprachliche Kommunikation oder durch Anwesenheit und gute Worte das Vertrauen des Hundes zu erlangen. Je besser man die Hunde versteht, umso leichter sieht man, welcher einfach ein paar Tage Zeit braucht und welcher aus seiner Angst geholt werden muss. Selbstschutz ist aber immer ein Thema!

Hundebox

Die Box wurde früher für Hunde mit Angstproblematik als effektives Trainingsmittel genutzt, um den Hunden einen sicheren Ruhe- und Rückzugsort anzubieten und permanente Flucht, zum Beispiel vor Menschen, zu verhindern. Viele Hunde nehmen eine Box als sicheren Ort wahr, und fühlen sich darin oft sehr wohl.

Heute schreibt die Tierschutz Hundeverordnung $ 2, Absatz 3 vor, dass Hunde „ausreichend Gelegenheit zur Bewegung und zum Auslauf" haben müssen. Die Unterbringung in einer verschließbaren Box erfüllt diese Anforderungen auch nicht, wenn diese nur kurzfristig erfolgt.

Wir empfehlen daher die Boxentür zu entfernen oder die Box offen stehen zu lassen. Und selbstverständlich muss die Box so groß sein, dass der Hund stehen, sich umdrehen und sich ausgestreckt hinlegen kann. Verlässt der Hund die Box und geht wieder panisch in die Flucht, kann man ihn nochmals zurückbringen und vielleicht auch erst einmal bei ihm bleiben, um ihn zu beruhigen. Oder man versucht, ob der Hund die Box an einem anderen Ort besser annimmt. Alternativ, oder auch in der Box, kann man ein Hundebett mit hohen Rändern oder ein Bett, in das sich der Hund hineinkuscheln kann, nutzen. Oft hilft den Hunden auch eine Art „Dach" – ein Bettlaken, ein Tisch oder eine Decke.

Es ist allerdings auch wichtig, den Hund regelmäßig aus der Box zu holen. Ein sich in der Box oder dem sicheren Rückzugsort Verkriechen wird auf Dauer dazu führen, dass der Hund soziale Kontakte weiterhin meidet und dadurch mit der Zeit immer mehr sozial vereinsamt. Es darf nie vergessen werden, wie viel schneller Hunde sich ins Alltagsgeschehen integrieren, wenn sie aktiv dazu ermutigt werden.

Mantrailing und andere Beschäftigungen

Es gibt viele Arten, sich mit unseren Hunden zu beschäftigen. Mantrailing (Menschensuche) kann bei Misstrauen gegen Menschen effektiv unterstützend im Training eingesetzt werden. Man nennt diese Form der Arbeit mit Hunden Theratrailing. Auch Dog Dance und Futtersuche eignen sich ebenso gut, um die Beziehung zwischen Hund und Halter zu stärken und so Ängste abzubauen. Beschäftigungsarten, die der Hund vielleicht zuerst gruselig findet, wie gemeinsam über eine Brücke oder Wippe zu gehen, wie bei Agility, können unterstützen. Wenn Hund und Halter solche Situationen überwinden und gemeinsam Aufgaben bewältigen, entwickeln die Hunde mehr Selbstvertrauen – und das stärkt die Resilienz.

Mit Futter und über das Locken mit Futter zu arbeiten, kann ein Weg sein. Doch überfordert es die Hunde oft, da sie in ihrer Gemütslage gar kein Futter annehmen können. Unterstützung durch Hilfestellung, Motivation mit Wort und Bewegung sowie Freude über ein erreichtes Ziel, also Lob für die gute Leistung, sind für diese Hunde oft besser geeignet und werden genauso auch verstanden.

Bei allem Training und besonders bei Beschäftigungsformen muss immer darauf geachtet werden, dass von den Hunden nicht zu viel verlangt wird. Kognitive Aufgaben wie Denkspiele oder sogar schon Signale wie Sitz und Platz zu lernen, überfordert diese Hunde oft. Besonders Hunde mit Angstproblematiken brauchen viel Zeit zum Ruhen und Schlafen, um die Reize des Alltags und Trainings zu verarbeiten. Ein Hund mit Angst im Alltag sollte erst einmal nicht zusätzlich mit Beschäftigung gefordert werden, hier reicht der normale Spaziergang und das spezielle Angsthundetraining.

Körperbandagen und Thundershirts

Körperbandagen oder Thundershirts, die eng am Körper anliegen und einen gewissen Druck ausüben, können als Hilfsmittel sinnvoll sein. Hintergrund ist, dass der Hund dadurch ein Körpergefühl bekommt. Diese Form der Bandagen hat Linda Tellington-Jones entwickelt. Sie empfiehlt eine gewisse Wickeltechnik mit diesen Bandagen und Berührungen, den sogenannten T-Touches. Viele Menschen schwören darauf. Ob es diese Hilfsmittel oder -methoden sind oder die enge Beschäftigung mit dem Hund, spielt letztendlich keine Rolle, wenn das Resultat stimmt und der Hund sicherer wird. Solche Mittel können unterstützend helfen, sie schaden vor allem auch nicht. Warum nicht probieren? Eine Begrenzung des Bewegungsraums hilft den Hunden deutlich, ebenso das Eng-gehalten-Werden.

Geräusche-CD

Bei Ängsten vor bestimmten Geräuschen kann der Einsatz durchaus sinnvoll sein. Lässt man diese Geräusche leise im Hintergrund in Dauerschleife durchlaufen, spricht man von Habituation, also eine langsame Gewöhnung an den Reiz. Dies wird auch oft in Kombination mit Gegenkonditionierung eingesetzt. Allerdings ist die Wirkung begrenzt, da Hunde meist unterscheiden können, ob ein Geräusch vom Band kommt oder real ist. Bei Gewitter funktioniert so ein Training in den seltensten Fällen, da zum Gewitter auch die Stimmung und Spannung in der Luft gehört.

Kauspielzeug/Kong®

Ein Kauspielzeug, Knochen oder ein gefüllter Kong® kann bei Problemen mit dem Alleinbleiben oder auch zur Beruhigung und Ablenkung helfen. Schlecken und Kauen beruhigen das Tier. Der Einsatz hat Grenzen, denn bei echter Angst frisst ein Hund nicht.

Clickertraining

Clickertraining kann sehr gut bei leichten Unsicherheiten eingesetzt werden. Bei Misstrauen und Angst wirkt es hingegen nur bedingt. Die Konditionierung des Clickers ist oft schwierig, weil die Hunde kein Futter nehmen. Es gibt auch Hunde, die vor dem Clickgeräusch zurückschrecken. Alternativ könnte man hier erst einmal einen Kugelschreiber nehmen oder einen Clicker in der Tasche clicken. Noch besser wäre in diesem Fall der Aufbau eines verbalen Markersignals in ruhiger Umgebung, das wie der Clicker aufgebaut und eingesetzt werden kann.

Allerdings muss man aufpassen: Verbindet man das Clickertraining mit dem Angstauslöser, dann besteht die Gefahr, dass der Clicker selbst zu einem Auslöser von Angst wird. Außerdem ist wichtig, dass sich der Hund bei dieser Form des Trainings aktiv mit dem Angstauslöser auseinandersetzt und nicht nur abgelenkt Verhalten ausführt. Denn dies hätte nur eine geringe bis keinerlei Verbesserung der Ängste zufolge. Je nach Beziehung zum Hund kann ein neutraler Reiz (Clicker) oder aber ein stimmliches Lobwort von Vorteil sein.

Führgeschirr

Ein Hund, der fluchtgefährdet ist, sollte immer in einem Sicherheitsgeschirr und am Halsband und doppelter Leine geführt werden. Das Sicherheitsgeschirr besteht aus drei Teilen, einem Halsband, einem Riemen um den Brustkorb und einem Riemen hinter den Rippen. Der Riemen hinter dem letzten Rippenbogen sollte so eng sein, dass es für den Hund unmöglich ist, aus dem Geschirr zu schlüpfen, auch wenn er in Panik geraten sollte.

Der Hund ist mindestens doppelt zu sichern, dreifach wäre noch besser. Das bedeutet, dass eine Leine am Halsband befestigt ist, eine weitere Leine am Brustgeschirr. Bei wirklich ängstlichen oder panischen Hunden ist noch eine zusätzliche Leine am letzten Ring des Sicherheitsgeschirrs zu befestigen, diese Leine wird an einen speziellen Bauchgurt mit dem Menschen verbunden. Der Hund ist so gesichert, auch wenn die Leine aus der Hand fällt oder der Mensch ins Straucheln kommt, der Hund sich in der Leine verheddert oder erschrickt. Diese zweite Leine wird beim Transport im Auto innen am Gitter der Hundebox oder zusätzlich an einem Ring im Kofferraum des Autos befestigt. Der Grund ist auch hier: Wenn die Autotür oder die Box geöffnet wird, kann der Hund nicht hinausspringen und flüchten, er ist sicher verwahrt und man kann in Ruhe eine weitere Leine befestigen, bevor man ihn löst.

Calming Cap

Eine Calming Cap verhindert die Sicht des Hundes, die visuellen Reize sollen gedämpft werden. Die Idee ist, dass der Hund dadurch beruhigt werden soll. Diese Idee wurde wahrscheinlich aus dem Reitsport übernommen, wo Scheuklappen verwendet werden. Der wichtige Unterschied besteht hier, dass das Pferd von einem Reiter geführt wird. In dem Fall soll sich das Pferd ganz auf den Menschen verlassen und anderes ausblenden. Mit sozialer Unterstützung und im Körperkontakt mit einem vertrauten Menschen kann das auch durchaus sinnvoll sein. Der Hund soll lernen, dass er sich auf den Menschen verlassen kann.

Einem Hund in der Angst die Augen zu verbinden, damit er zur Ruhe kommen kann, ist jedoch die Idee dahinter. Ohne ihn aber sozial zu unterstützen, wäre dies Tierquälerei, denn man nimmt dem Hund die Möglichkeit, einen wichtigen Teil seiner Sinne zu benutzen, um sich mit dem angstauslösenden Reiz auseinanderzusetzen. Stell dir vor, du würdest jemandem, der sich fürchtet, die Augen zuhalten. Kaum einer würde das zulassen. Ein Verblinden über eine Augenbinde würde die Angst eher noch mehr verstärken. Bei anderen Problematiken wie übermäßige Erregtheit oder bei der einen oder anderen Trennungsproblematik kann eine Calming Cap vielleicht etwas bewirken.

Eine Calming Cap bitte nicht bei Angst einsetzen und das Tier dann damit allein lassen. Selbst wenn der Hund dadurch so eingeschränkt wird, dass er sich ablegt, ist die Gefahr zu hoch, dass er in seiner Angst einfriert, und der Mensch interpretiert das als Schlaf oder Ruhe.

KAPITEL 14

Nahrungsergänzung und Medikamente

Nahrungsergänzungsmittel und Medikamente können die Therapie ängstlicher Hunde sinnvoll unterstützen. Als alleinige Maßnahme sind sie in der Regel jedoch ungeeignet. Je nach individuellem Fall muss sorgfältig abgewogen werden, welche Präparate nützlich sind. Besonders im Bereich der Nahrungsergänzungsmittel stehen zahlreiche Produkte zur Verfügung, die eine Angstreduktion versprechen. Nachgewiesen wirksam sind davon nur wenige. Wer mit den entsprechenden Mitteln seinem Hund helfen möchte, sollte die eigene Erwartungshaltung im Auge behalten. Der sogenannte Caregiver-Placebo-Effekt (Rief et al., 2009) kann dazu führen, dass eine Verbesserung wahrgenommen wird, die real nicht vorhanden ist. Je stärker die positive Erwartung gegenüber einem Mittel ist, desto deutlicher tritt dieses Phänomen auf. Selbst bei Tierärzten, die eine Einschätzung über ihre Patienten abgeben, tritt dieser Effekt zuweilen auf.

Spannend sind in diesem Zusammenhang auch die Ergebnisse von Placebo-kontrollierten Studien. Darin erhält eine Gruppe der Hunde die tatsächlich zu testende Substanz und eine andere Gruppe ein neutrales Scheinmittel. In zahlreichen Untersuchungen zur Therapie von Ängsten durch Nahrungsergänzungsmittel tritt ein Placeboeffekt auf (Landsberg et al., 2008; DePorter et al., 2012; Cracknell und Mills, 2008). Die Hundehalter berichteten hierbei in 25 bis 65 Prozent der Fälle von einer deutlichen Angstreduktion, obwohl ihre Hunde nur ein Scheinmittel erhielten. Wie stark sich Hoffnung auf die Wahrnehmung auswirken kann, zeigt auch eine Arbeit zur Behandlung der Geräuschphobie bei Hunden (Crowell-Davis et al., 2003): Über die Hälfte der Halter gab an, durch die Therapie eine deutliche Angstreduktion im Bereich von 25 bis 100 Prozent wahrzunehmen. Bei der objektiven Auswertung der Videoanalyse war hingegen kein Unterschied des Hundeverhaltens vor und nach der Behandlung festzustellen. Die Kenntnis über den Caregiver-Placebo-Effekt allein bietet leider keine ausreichende Sicherheit, ihm zu entgehen. Das Führen eines Tagebuchs mit detaillierten Verhaltens- und Umgebungsbeobachtungen, vergleichende Videoaufnahmen und die Beurteilung des Zustands des Hundes durch Dritte können den Effekt abmildern.

Einige erhältliche Therapeutika haben nach wissenschaftlichen Kriterien keinerlei Wirkung. Dennoch erfreuen sie sich großer Beliebtheit. In einer Studie zeigte sich, dass Tierbesitzer bei Verhaltensproblemen tatsächlich bevorzugt entsprechende wirkungslose Mittel benutzen möchten (Notari und Gallicchio, 2008). Zu ihnen zählen homöopathische Präparate, Bachblüten und Schüßler-Salze. Der fehlende Nutzen spiegelte sich auch in den Ergebnissen einer Untersuchung zur Therapie von Feuerwerksangst wider (Riemer et al., 2019). Die berichteten Erfolgsquoten von Bachblüten und Homöopathie entsprachen denen von wirkungslosen Placebomitteln.

Freiverkäufliche Nahrungsergänzungsmittel

Unter den freiverkäuflichen Nahrungsergänzungsmitteln finden sich einige, die zumindest in einzelnen kontrollierten Studien eine angstmildernde Wirkung aufwiesen. Der Großteil der getesteten Präparate hat ein geringes Risiko für Nebenwirkungen und kann über lange Zeiträume verabreicht werden. Dennoch können Nahrungsergänzungsmittel unter bestimmten Umständen schädlich für den Hund sein. Unerwünschte Begleiterscheinungen treten vor allen Dingen dann auf, wenn mehrere Mittel auf einmal gegeben werden. Oft sind die Wechselwirkungen der verschiedenen Präparate nicht untersucht. Bekommt der Hund zeitgleich Medikamente, besteht zudem das Risiko einer Abschwächung oder Verstärkung von deren Wirkung. Ein Beispiel hierfür ist das Medikament Mirtazapin, das Hunde gegen Übelkeit und zur Appetitfütterung verschrieben bekommen. Erhält der Hund gleichzeitig eines der zahlreichen Nahrungsergänzungsmittel, die den Haushalt des Botenstoffs Serotonin beeinflussen, besteht das Risiko des lebensgefährlichen Serotoninsyndroms (Isbister und Buckley, 2005). Während Medikamente regelmäßig auf ihre Reinheit und Sicherheit getestet werden, fehlt bei Nahrungsergänzungsmitteln oft eine entsprechende Kontrolle. Daher ist die Rücksprache mit dem Tiermediziner des Vertrauens in Hinblick auf entsprechende Präparate immer empfehlenswert.

Fischöl

In einer kleineren Studie bewirkte die Fütterung von Fischöl eine verringerte Intensität der körperlichen Reaktionen gegenüber Angstauslösern. Die Ausschüttung an Stresshormonen und die Erhöhung des Pulses fielen bei der mit Fischöl versorgten Hundegruppe im Vergleich geringer aus. Die Schlussfolgerung der Forscher lautet daher, dass Fischöl einen beruhigenden Effekt auf ängstliche Hunde haben kann. Bereits in zahlreichen anderen Studien deuten die Ergebnisse auf einen angstverringernden Effekt von Fischöl hin (Gowan, 2016). Hinsichtlich der Wirkweise wird diskutiert, ob die entzündungshemmende Wirkung von Fischöl verantwortlich für die beobachtbaren Effekte ist. Hirnregionen wie die Amygdala stehen in Verbindung mit der Verarbeitung von stressenden und ängstigenden Reizen. Entzündungen bewirken eine verstärkte Stimulierung der entsprechenden Hirnareale, die durch das Fischöl reduziert werden könnte. Das Verfüttern eines hochwertigen Fischöls, mit hohem Anteil an Omega-3-Fettsäuren, kann daher nach Rücksprache mit der Tierarztpraxis des Vertrauens eine einfach umzusetzende, hilfreiche Maßnahme sein.

Alpha Casozepine

Alpha Casozepine ist ein Bestandteil von Milch, der sich in Untersuchungen verschiedener Tierarten potenziell angstlösend gezeigt hat. Die Verbindung aus speziellen Aminosäuren sorgt für eine verbesserte Aktivität von Botenstoffen im Hirn, die wichtig für die Regulation von Stress, Angst und Aufregung sind. In einer Studie beobachteten Forscher bei Hunden einen angstmindernden Effekt von Alpha Casozepine. Die Tiere der Vergleichsgruppe erhielten ein Psychopharmakon, dessen Wirksamkeit dem Nahrungsergänzungsmittel jedoch nicht überlegen war (Beata et al., 2007). Auch in weiteren Arbeiten gibt es Hinweise, dass Alpha Casozepine ein hilfreiches Nahrungsergänzungsmittel für ängstliche Hunde sein kann (Kato et al., 2012; Palestrini et al. 2010). Mittel mit Alpha Casozepine wie Zylkene wirken nur bei langfristiger Gabe und haben keinen kurzfristigen Effekt. Um die Effektivität entsprechender Produkte zu beurteilen, sollten sie für mindestens einen Monat zugefüttert werden.

L-Theanin

L-Theanin ist ein Eiweißbaustein, der in Teepflanzen enthalten ist. Dieser Stoff scheint in der Lage zu sein, die Wirkung von hemmenden und somit beruhigenden Botenstoffen im Gehirn zu verstärken. Auch erhöht er die Aktivität sogenannter Alpha-Wellen im Hirn. Alpha-Wellen sind eine Form von messbarer elektrischer Aktivität im Hirn, die bei entspannten Zuständen vermehrt auftreten (Araujo et al., 2010). In einer Studie zeigte die Fütterung von L-Theanin eine angstlindernde Wirkung bei von Geräuschangst betroffenen Hunden. Auch in einer weiteren Arbeit weisen die Daten darauf hin, dass Hunde mit Gewitterangst von L-Theanin profitieren (Pike et al., 2015). Auch bei Angstverhalten gegenüber fremden Personen erwies sich das Nahrungsergänzungsmittel als hilfreich (Araujo et al., 2010).

CBD-Öl

CBD-Öl ist eines der etwa 90 verschiedenen Cannabinoide der Cannabispflanze. Die Ergebnisse mehrerer Tierstudien deuten darauf hin, dass CBD eine angstlösende Wirkung haben kann (Crippa et al., 2004; Fusar-Poli et al., 2009). Besondere Vorteile liegen bei diesem Nahrungsergänzungsmittel in der schnellen Wirksamkeit und dem geringen Nebenwirkungspotenzial. Der genaue Wirkmechanismus von CBD bezüglich der Furcht ist jedoch noch nicht bekannt. Eine Untersuchung über die Auswirkungen von CBD-Leckerlies für Hunde mit Geräuschangst zeigte keinen großen Effekt (Morris et al., 2020). Eine einzelne Dosis von CBD-Öl wirkte sich hingegen positiv auf Hunde aus, die vermehrt Stress bei Autofahrten und Trennungsphasen aufwiesen (Hunt et al., 2023). Bei der Verwendung von CBD-Öl ist auf die Reinheit des verwendeten Öls zu achten. Produkte, die das psychoaktive Cannabinoid THC enthalten, beeinträchtigen dagegen die Gesundheit des Hundes.

Melatonin

Das Hormon Melatonin reguliert den Tag-undNacht-Rhythmus von Säugetieren und wird im Gehirn produziert. Die Produktion von Melatonin ist bei Dunkelheit stärker als unter hellen Bedingungen. Der als „Schlafhormon“ bekannt gewordene Stoff hat daher als Mittel gegen Schlafstörungen und Jetlags an Popularität gewonnen. Mehrere Untersuchungen zeigen einen potenziell nützlichen Einsatz bei Hunden mit Angstproblemen. Gerade in Hinblick auf Geräuschangst und Furcht vor dem Tierarztbesuch gibt es vielversprechende Ergebnisse (Ballamwar et al., 2008; Lefman und Prittie, 2019; Niggemann et al., 2019). Als Wirkmechanismus steht ein verringertes Erregungsniveau zur Diskussion, das durch die etwas schläfrig machende Wirkung des Melatonins entsteht.

Medikamente

Unter bestimmten Umständen stehen Medikamente aus der Humanmedizin zur Verfügung, die bei Hunden mit Angst hilfreich sein können. Eine Verordnung ist nur über Tiermediziner möglich, die die Therapie mit Medikamenten zudem engmaschig überwachen müssen. Einsatzgebiete der verhaltensbeeinflussenden Medikamente sind beispielsweise sehr lang andauernde Ängste, mit denen der Hund regelmäßig konfrontiert ist und die nicht auf Trainingsmaßnahmen ansprechen. In manchen Fällen wie Trennungsangst sind die Bedingungen für sinnvolle erzieherische Maßnahmen gelegentlich nicht umsetzbar. Furchtauslöser wie Schüsse, Feuerwerke und Gewitter sind oft schlecht kontrollierbar und erschweren daher in vielen Fällen das effiziente Training. Auch hier bietet sich der Einsatz von Psychopharmaka an, die unterschiedliche Wirkprofile und somit je nach Präparat Vor- und Nachteile aufweisen.

Je nach individueller Problematik des Hundes stehen Mittel mit kurzer Wirkdauer oder solche für eine länger andauernde Medikation zur Verfügung.

An erster Stelle stehen jedoch auch bei der Therapie mit Medikamenten die Arbeit durch Erziehung und Training. Denn auch wenn Psychopharmaka die Intensität vom Angstverhalten und die Therapiedauer reduzieren können: Eine komplette Behebung von Furcht- und Angstproblemen kann nicht alleinig durch Medikamente erreicht werden.

BALLANTYNE, 2018

Kurzfristig wirkende Medikamente

Zu den typischen Einsatzgebieten kurzfristig wirkender Psychopharmaka gehören innerhalb eines begrenzten Zeitraums auftretende unkontrollierbare Furchtauslöser wie Feuerwerke oder Gewitter. Aber auch in unvermeidbaren Situationen wie Tierarztbesuchen oder notwendigen Transportfahrten ist je nach Hund die Unterstützung mit entsprechender Medikation sinnvoll. Beispiele für entsprechende Medikamente sind Dexmedetomidine (Sileo), Alprazolam (Xanax) oder Gabapentin. Sie können in akuten Stresssituationen in vielen Fällen den Hund effektiv unterstützen und die Angst mildern. Je nach Wirkstoff können verstärkt sedierende Nebenwirkungen oder enthemmtes Verhalten auftreten.

Langfristig wirkende Medikamente

Dauerhaft zu verabreichende Psychopharmaka werden vor allen Dingen bei Hunden verwendet, die unter generalisierten Angststörungen oder lang andauernden, nur mäßig mit anderen Mitteln therapierbaren Ängsten leiden. Zu ihnen zählen exemplarisch Antidepressiva wie Fluoxetin und Clomipramin. Aber auch sogenannte Benzodiazepine, die angstlösend und dämpfend wirken, kommen je nach Beschwerdebild zum Einsatz. Daneben sind weitere Medikamente zur Dauertherapie etabliert, für deren Verschreibung Tiermediziner für Verhaltenstherapie als Spezialisten gelten.

Nebenwirkungen

Bei vielen dieser Medikamente, wie z. B. bei der Verordnung von Fluoxetin, vergehen mehrere Wochen, bis sich eine Wirkung auf das Verhalten zeigt (Sherman und Mills, 2008). Gerade bei einer länger andauernden Medikation ist die engmaschige Überwachung des Hundes notwendig, um mögliche Nebenwirkungen zu bemerken. Ob sich Nebenwirkungen einstellen, hängt von dem Medikament, der Dosierung, der Behandlungsdauer und der individuellen Empfindlichkeit des Hundes ab. Zu den typischen Nebenwirkungen der zur Klasse der Antidepressiva gehörenden Mittel gehören Appetitmangel, Lethargie, Magen- und Darmprobleme sowie vermehrter Durst (Crowell-Davis und Murray, 2006). In einer Studie zur Therapie von Angsthunden mit dem Antidepressivum Fluoxetin berichteten 85 Prozent der Hundehalter von verstärkter, einschränkender Lethargie bei ihren therapierten Hunden und deutlichem Appetitmangel (Landsberg et al., 2008; Simpson et al., 2007). Eine weitere Untersuchung zur Therapie mit dem Wirkstoff Clompipramin ergab verstärkte Bauchschmerzen und gehäufte Fälle von Bauchspeicheldrüsenentzündungen der therapierten Hunde. Beim Einsatz von Benzodiazepinen treten verstärkt Koordinationsstörungen, übermäßige Agitation oder stark sedierende Nebenwirkungen auf. Die Häufigkeit dieser Nebenwirkungen führt in Untersuchungen regelmäßig zum Abbruch der Therapie seitens ca. 50 Prozent der Tierhalter (Plumb, 2005; Herron et al., 2008).

Wichtig

Auch wenn Nebenwirkungen auftreten: Das abrupte Absetzen von Dauermedikamenten ohne Rücksprache mit den behandelnden Ärzten ist unter allen Umständen zu vermeiden. Schwerwiegende körperliche Entzugssymptome und dramatische Angstverschlimmerungen können die Folge davon sein.

Insgesamt ist die Studienlage zur Effektivität von vor allen Dingen langfristig wirkenden Psychopharmaka bei Hunden aktuell noch sehr dünn. Viele Studien weisen methodische Mängel und nur eine eingeschränkte Aussagekraft auf (Echeverri und Govendir, 2022). Um verzerrte Einschätzungen des Angstverhaltens seitens der Hundehalter zu vermeiden, verwendete ein Team aus Wissenschaftlern eine spezielle Form von Fragebögen. Anhand dieser wurde das Angstverhalten der Hunde, in diesem Fall die Trennungsangst betreffend, exakter durch konkrete Verhaltensabfragen erfasst. Die Daten dieser Studie ergaben, dass bei Trennungsangst die Kombination von Training und Medikation durch ein Antidepressivum keine besseren Ergebnisse erzielte als ein Training ohne Medikation. Allerdings wiesen viele der Hunde, durch die müde machenden Nebenwirkungen des Medikaments, ein geringeres Aktivitätslevel auf (Podberscek et al., 1999).

Mittlerweile steht eine größere Bandbreite an Nahrungsergänzungsmitteln und Psychopharmaka für Hunde mit schwerwiegenden Angstproblemen zur Verfügung. Auch bei den nicht verschreibungspflichtigen Mitteln sollte unbedingt die Konsultation von Tiermediziner erfolgen. In einigen Fällen kann eine angepasste Versorgung mit entsprechenden Medikamenten zu einer großen Verbesserung der Lebensqualität von Hunden mit einschränkenden Ängsten führen. Bei einer langfristigen Medikation muss das hohe Nebenwirkungsrisiko stets im Auge behalten werden. Außerdem besteht das Risiko, Müdigkeit und Sedation als Verbesserung der Ängstlichkeit fehlzuinterpretieren. Die wichtigste und relevanteste Säule, um ängstlichen Hunden zu helfen, sind und bleiben Training und Verhaltenstherapie.

Epilog

Wir wissen nun, dass Hunde wie auch ihre Menschen viele Facetten im Bereich des Angstverhaltens zeigen können. Die Körpersprache allein zeigt nicht den aktuellen Ist-Zustand des Hundes an. Es ist die Situation, der Gesundheitszustand, die momentane Verfassung des Hundes, aber auch des Menschen. Manches bedarf Hilfe, manches ist Strategie. Viele Verhaltensweisen begründen sich aber auch durch Erkrankungen des Hundes. Daher ist der beste und sicherste Weg, dem Hund zu helfen, ihn zunächst einmal gesundheitlich auf den Kopf stellen zu lassen. Zeigen sich Erkrankungen, müssen diese behandelt werden, um dann der Angst neu zu begegnen.

Ist Angst oder ängstliches Verhalten aber eine Folge der vielfältigen Gründe, die wir in diesem Buch darlegen konnten, braucht der Hund Hilfe. Hilfe eines Menschen, denn dem Hund läuft die Zeit davon. In der kurzen Lebensspanne eines Hundes sollte ANGST nicht viel und nicht lange Raum einnehmen, denn Hunde in Angst haben nicht viel Lebensqualität. Und Angst macht krank.

Viele Erkrankungen entstehen erst durch den Stress und die Angst. Da ist der Rat, zu warten, bis der Hund von sich aus auf uns zukommt, ein schlechter Rat. Kommt der Hund nicht allein aus diesem Karussell, werden chronische Erkrankungen und ihre Begleiterscheinungen die Lebensqualität des Hundes noch weiter einschränken.

Wir haben festgestellt, dass die Aussage „Mein Hund hat Angst" selten richtig ist. Vieles ist zu bedenken und zu beachten. Vor allem ist die Ursachenforschung wichtig. Ich muss wissen, woher der Hund kommt, was er erlebt hat und welche Genetik er mitbringt. All dies ist bei der Arbeit zu berücksichtigen.

Ich muss mich mit Belohnungs- und Bestrafungshilfen auskennen und muss wissen, wie mein Hund auf welchen Verstärker anspricht und was ihm hilft. Die richtige und genaue Einschätzung des jeweiligen Hundes ist notwendig, um ihm wirklich und zeitnah zu helfen. Die Hilfe muss individuell und an den Hund angepasst sein, denn seine Probleme sind vielfältig und können mit einem pauschalen Therapieansatz selten gelöst werden.

Außerhalb all dieser Zeiten der Therapie, der Angst und der Tränen braucht es aber unbedingt auch ein gemeinsames Erleben, gute Zeiten, die zusammenwachsen lassen, erden, Stress reduzieren. Doch es braucht auch ein Durchleben von Konflikten, die gemeinsam zur Zufriedenheit des Menschen, aber auch des Hundes gelöst werden. Ein gelebtes, erlebtes Vertrauen, ein Sich-aufeinander-verlassen-Können. Keinesfalls aber ein Ich-schütze-dich-und-halte-alle-Unwägbarkeiten-von-dir-fern. Dies ist nicht möglich und der Versuch daher unfair. Der Hund bliebe in seiner Angst gefangen. Es braucht auf beiden Seiten Mut, um unebkanntes Terrain zu betreten. Doch der Mensch muss als Vorbild vorangehen.

Die Wege aus der Angst führen durch die Angst, nicht an ihr vorbei. Doch niemand wird dabei allein gelassen.

Es lohnt sich, wirklich genau hinzuschauen, in welcher Gefühlslage sich der Hund befindet. Statt sich in diesem Angstthema zu drehen, sollte der Mensch Vorbild sein, ihm zeigen, wie man sich in unserer Umwelt verhält. Man sollte nicht jedes Zögern des Hundes überbewerten. Anstatt den Hund auf eine mögliche Angst zu reduzieren, ist eher danach zu schauen, womit und wie man ihn motivieren kann, was gemeinsam Spaß macht und hilft, Unsicherheiten zu übergehen. Gemeinsame Hobbys finden, und wenn es das Schnarchen auf der Couch ist. Oxytocin, das Bindungshormon, hilft schon in der Ruhe und dem gemeinsamen Schlafen, zukünftige Abenteuer zu bewältigen. Dies ist auch eine wichtige Zeit, in der der Hund alles Erlebte verarbeiten kann. Er braucht entspannte Ruhe, denn dort werden Weichen neu gestellt, Erfahrungen eingeordnet, wird Resilienz entwickelt.

Hat der Hund Angst, braucht er in jedem Fall mutige Menschen, die sich etwas trauen, um ihm zu helfen. Deshalb seid bitte mutig, zögert nicht und lasst eure Hunde nicht im Stich, sie werden es euch mit Vertrauen und neugewonnener Fröhlichkeit danken. So werdet ihr zum Helden eurer Hunde!

Service

Wichtige Adressen

Tier in Not Odenwald
Am Morsberg 1
64385 Reichelsheim
Tel. 06063 / 939 848
tino@tiere-in-not-odenwald.de
www.tiere-in-not-odenwald.de

KynoLogisch GbR
Alte Heerstraße 18c
15345 Garzau-Garzin
info@kynologisch.net
www.kynologisch.net

Akademie für Tiertherapeutische Berufe
Ostheimer Allee 16a
64832 Babenhausen
info@akademie-tiertherapie.de
www.akademie-tiertherapie.de

Hundezentrum Odenwald
Ute Heberer
Am Morsberg 2
64385 Reichelsheim/Spreng
info@hundezentrum-odenwald.de
www.hundezentrum-odenwald.de

Hundecampus Odenwald
Ute Heberer
Am Morsberg 2
64385 Reichelsheim/Spreng
info@hundecampus-odenwald.de
www.hundecampus-odenwald.de

Angsthundezentrum
Katja Schumacher
Quinckestr. 9
69120 Heidelberg
angsthundezentrum@gmail.com
www.angsthundezentrum.de

Snobdog Hundeschule
Anna Pietschmann
Stockartstraße 18
04277 Leipzig
apietschmann@gmail.com
www.snobdog.de

Bei der Ansprache im Text sind alle Geschlechter gemeint. Wir nutzen hier meist die männliche Form. Dadurch wir das Buch leichter lesbar. Dafür bitten wir um Verständnis.

Webinare

Viele spannende Themen und Autor:innen findet ihr in unseren Online-Seminaren. Ob Live oder als Aufzeichnung: hier dreht sich alles um den Hund.
https://kosmos-hund.de/

Social Media

Ihr möchtet wissen, was los ist? Storys, Webinarankündigungen, Zitate, Buchclips, Gewinnspiele, Take over unserer Autor:innen und vieles mehr findet ihr unter
instagram.com/kosmos.hund und facebook.com/kosmos.hund

Folgt uns und werdet Teil unserer Kosmos-Hund-Community.

Zum Weiterlesen (Bücher aus dem Kosmos-Verlag)

Grote, Maren: **Hunde lesen lernen.** Hundeverhalten praxisnah erklärt.

Heberer, Ute; Nora Brede und Normen Mrozinski: **Aggressionsverhalten beim Hund.** Mit Fallbeispielen

Löckenhoff, Ursula: **DogTeam.** Mehrhundehaltung – für ein entspanntes Miteinander.

Löckenhoff, Ursula: **Dogwalk.** Gemeinsam unterwegs – Ideen für eine glückliche Mensch-Hund-Beziehung.

Löckenhoff, Ursula: **Raumdenken© in der Hundeerziehung.** Erziehungshilfe über Raumvorgaben.

Matthews, Nadin: **Duell auf offener Straße.** Leinenaggression beim Hund.

Mehl, Robert: **Die Psyche des Hundes.** Wie Prozesse im Gehirn das Verhalten steuern.

Nitzschner, Dr. Marie: **Die Persönlichkeit des Hundes.** Wie Gene und Umwelt das Wesen bestimmen.

Quellenverzeichnis

Das Quellenverzeichnis findet Ihr als PDF-Download unter https://www.kosmos.de/heberer_schumacher_pietschmann_Angst beim Hund

Über die Autorinnen

Ute Heberer leitete 30 Jahre das Tierheim „Tiere in Not Odenwald“, das Hunde nur in Gruppen hält und sich auf die Resozialisierung von schwierigen Hunden spezialisiert hat. Diesen Erfahrungsschatz gibt sie heute in Seminaren und Workshops für Tierheimmitarbeiter, Hundetrainer und Hundehalter weiter. Sie ist im Vorstand des Landestierschutzverbandes Hessen, Mitglied des hessischen Tierschutzbeirates und im Länderrat des Deutschen Tierschutzbundes. Zusammen mit Nora Brede und Normen Mrozinski hat sie bei Kosmos das Buch „Aggressionsverhalten beim Hund“ geschrieben.

Katja Schumacher ist Dozentin in der Akademie für Tiertherapeutische Berufe in der Ausbildung von Hundetrainern. Sie gibt Seminare, Kurse und arbeitet als Trainerin im Angsthundezentrum und Hundezentrum Odenwald. Ihre Leidenschaft ist die Arbeit mit den „besonderen Hunden“ als Pflegestelle und im Tierheim. Katja leitet seit vielen Jahren ehrenamtlich die Braveheart Gruppe (Angsthunde) bei „Tiere in Not Odenwald“, sie berät Hundetrainer, Tierschutzvereine, Tierheimmitarbeiter, Hundeverhaltenstherapeuten und Hundehalter.

„Alle Hunde haben ein Recht auf ein tiergerechtes Leben ohne Angst. Es ist unsere Aufgabe, ihnen zu helfen. Hunde sind faszinierend. Es sind mittlerweile einige hundert Hunde, mit denen ich gearbeitet habe und ich lerne mit jedem Hund noch etwas dazu.“

Anna Pietschmann wirkte im Rahmen ihres Psychologiestudiums an einer Verhaltensstudie von Hunden und Primaten des Max Planck Instituts für evolutionäre Anthropologie mit. Ihre Ausbildung zur Hundetrainerin absolvierte sie bei Kynologisch und die zur Welpentrainerin bei der Karen Pryor Academy. Auf ihrem Wissenschaftsblog Fluffology veröffentlicht sie seit 2016 regelmäßig Artikel zu verschiedensten Hundethemen. Als Dozentin referiert Anna u. a. zu den Themen „Umgang mit und Sicherung von aggressiven Hunden“, „Denkfehler im Umgang mit Hunden“ und „Spielverhalten“. Zudem ist sie als Online-Tutorin und in der Campus Organisation der Kynologisch-Hundetrainer-Ausbildung tätig und engagiert sich für den Auslandstierschutz.

Danksagungen

Ute Heberer

Ich denke an all die Hunde mit ihren vielfältigen Problemen, die ich auf ihrem Weg in ein gutes Leben begleiten durfte. Ich danke ihren Menschen dafür, mir vertraut zu haben, auch wenn wir nicht bekannte Wege gegangen sind. Diese Hunde und all die anderen, die in meinem Lieblingstierheim „Tiere in Not Odenwald“ gelandet sind und Hilfe brauchten, waren meine Lehrmeister. Durch sie durfte ich lernen, wie vielfältig Hunde, aber auch ihre Probleme sind, wie genau man hinschauen muss, bevor man ein vages Urteil und Zielformulierungen abgeben kann.

Vor allem danken möchte ich meinen ehrlichen Kritikern, voran meiner Tochter Kathrin, aber auch Selina, Torsten und Stefan, die vorab das Buch gelesen haben und mit ihren sinnvollen und hilfreichen Anmerkungen zu dem Buch beigetragen haben. Zu guter Letzt möchte ich Nora Brede danken, die das Buch mit initiierte und mit dem Vorwort einen mir persönlich sehr wichtigen Beitrag dazu leistete.

Katja Schumacher

Ich danke all unseren Lesern, die sich bemühen, Hunde zu verstehen.

Ich danke all den Menschen bei „Tiere in Not Odenwald“, die mich mit ihrer Arbeit überzeugt haben, und von denen ich so viel über

„Angst bei Hunden" lernen durfte – ganz besonders Ute und Marcel. Ich bin dankbar für all die Hunde, mit denen ich arbeiten darf und durfte und die mir immer wieder zeigen, was sie brauchen und mich mit ihrer sozialen Intelligenz immer wieder aufs Neue faszinieren.

Ich danke allen, die an der Fertigstellung des Buches mitgewirkt haben, meinen Mitautorinnen für ihr großes Wissen, Freunden/innen für die inspirierenden Gespräche, unseren Kritiker für ihren hilfreichen Input und Martina für die schönen Bilder.

Ich bin einfach nur wahnsinnig dankbar, dass ich an diesem Buch mitwirken durfte und hoffentlich viel Gutes für die Hunde bewirkt.

Anna Pietschmann

Mein Dank geht an Nora Brede für die Projektintegration und an meine Mitautorinnen für die gemeinsame, produktive Arbeit am vorliegenden Buch. Das Thema ist für mich in hohem Maß relevant, denn ich musste auch lernen, dass der für einen selbst am besten und logisch erscheinende Weg nicht der richtige sein muss. Und ich danke jedem einzelnen Hund, mit dem ich zusammen lernen und mein Erfahrungswissen erweitern konnte. Ich hoffe, das vorliegende Buch kann als praktischer Leitfaden und fundierte Wissensquelle rund um das Thema Angst beim Hund dienen.

Register

Aggressions — verhalten beim Hund

248 Seiten

An der Leine pöbeln, raufen, das Sofa verteidigen und Zähnefletschen am Gartenzaun. Hündische Aggression hat viele Gesichter, die Ursachen sind vielfältig, und sie gehört zu den am häufigsten genannten Hundeproblemen. Sie ist jedoch Bestandteil des normalen Verhaltens jedes Hundes und lässt sich nicht vollständig abtrainieren. Die Autoren erklären die Hintergründe: Wie entsteht Aggression, wie kann man sie vermeiden und wie geht man als Hundehalter richtig damit um? Ein aktuelles Thema, das fast jeden Hundehalter betrifft.

Bildnachweis

64 Farbfotos wurden von Martina Kaup für dieses Buch aufgenommen. Weitere 6 Farbfotos von Gerd Schuster (Farbtafeln 28/29_Sozialisierung).

Impressum

Umschlaggestaltung von Büro Jorge Schmidt für Kommunikationsdesign unter Verwendung eines Farbfotos von Martina Kaup.

Mit 70 Farbfotos.

Gedruckt auf chlorfrei gebleichtem Papier

ISBN 978-3-440-16300-9
Projektleitung: Ute Schmalfuß
Redaktion: Hilke Heinemann
Gestaltungskonzept: Populärgrafik, Stuttgart
Gestaltung und Satz: DOPPELPUNKT, Stuttgart
Produktion: Angela List
Druck und Bindung: Friedrich Pustet GmbH & Co.KG, Regensburg
Printed in Germany / Imprimé en Allemagne

FSC
www.fsc.org
MIX
Papier | Fördert gute Waldnutzung
FSC® C014889